没有梦想 到哪都是孤独

于晓 编著

煤炭工业出版社
·北京·

图书在版编目（CIP）数据

心若没有梦想，到哪都是孤独/于晓编著． －－北京：煤炭工业出版社，2019（2022.1 重印）

ISBN 978－7－5020－7344－2

Ⅰ.①心… Ⅱ.①于… Ⅲ.①成功心理—通俗读物 Ⅳ.①B848.4－49

中国版本图书馆 CIP 数据核字（2019）第 054828 号

心若没有梦想，到哪都是孤独

编　　著	于　晓
责任编辑	马明仁
编　　辑	郭浩亮
封面设计	浩　天
出版发行	煤炭工业出版社（北京市朝阳区芍药居 35 号　100029）
电　　话	010－84657898（总编室）　010－84657880（读者服务部）
网　　址	www.cciph.com.cn
印　　刷	三河市众誉天成印务有限公司
经　　销	全国新华书店
开　　本	880mm×1230mm^1/$_{32}$　印张　7^1/$_2$　字数　150 千字
版　　次	2019 年 7 月第 1 版　2022 年 1 月第 3 次印刷
社内编号	20180637　　　　　　　定价　38.80 元

版权所有　违者必究

本书如有缺页、倒页、脱页等质量问题，本社负责调换，电话：010－84657880

前 言

人类因梦想而伟大，所有的成功者都是大梦想家：在冬夜的火堆旁，在阴天的雨雾中，梦想着未来。有些人让梦想悄然绝灭，有些人则细心培育、维护，直到它安然度过困境，迎来光明和希望，而光明和希望总是降临在那些真心相信梦想一定会成真的人身上。

心理学家说："当一个人真的渴望去做一件事情时，这件事情自会出现。"我们每个人都如同小鹰一般，曾拥有过翱翔天际、悠游自在的美妙梦想。可惜的是，这些伟大的梦想，往往也就在周围亲友的一句句"别傻了""不可能"声中逐渐萎缩，甚至破灭。就算侥幸遇上一位懂得欣赏小鹰的驯兽师，硬将小鹰带到更高的领域，往往我们也会像小鹰回头望

见地上争食的鸡群一般，再次飞回地上，加入往日那个不敢梦想的群体里。

　　成功的过程就是从依赖到独立，然后再到互助的过程！只有这样，我们才会把眼光放得高一些，好让成果突破我们过去的表现，超越我们的竞争者。之后，我们再做尝试，鞭策自己不断向更高的境界努力。想要达到你的目标，满足你的渴望，实现你的梦想，就一定要付诸行动。只有努力去做，才能让你精益求精。偶尔的失败，是必需的过程。

　　所以，梦想是打开神奇之门的钥匙，可以拓宽你的视野，让你发现新的机会。抱负大一点儿，让生活更容易也更有趣，它也可能让你得到更大的收获。

　　要想获得这个世界上的最大奖赏，你必须拥有过去最伟大的开拓者所拥有的把梦想转化为全部有价值的献身精神，以此来发展和展示自己的才能。

目 录

|第一章|

梦想就在不远处

没有做不到，只有想不到 / 3

人因梦想而伟大 / / 9

梦想就在不远处 / 14

创造持久的改变 / 20

敢于梦想 / / 25

追求永无止境 / / 38

相信自己就能成功 / 47

|第二章|

突破平庸

为自己的理想增加动力 / 55

多给自己一些期望 / 59

快乐的心态 / 65

走出优柔寡断的误区 / 69

收敛放纵的心 / 74

给自己一片希望的树叶 / 79

目 录

|第三章|

做命运的主人

自我肯定 / 83

消除失落感 / 89

自我意识决定命运 / 94

坚持与自己抗争 / 99

积极努力地去想象 / 104

做自己命运的主人 / 109

|第四章|

敢于冒险

冒险不是幻想,要脚踏实地 / 115

冒险需要自我认定 / 119

冒险不是蛮干 / 124

人生需要冒险 / 128

机遇在冒险中诞生 / 132

敢于冒险,突破人生 / 136

敢想敢干才能成大事 / 142

机会不会留给安于现状的人 / 147

目 录

|第五章|

专注于自己的生活

专注于自己的生活 / 155

为谁而活 / 161

专心致志 / 166

专注使你成功 / 171

突破自我设限 / 178

执着 / 183

心若没有梦想，到哪都是孤独

|第六章|

勇于尝试

生活在于尝试 / 191

拥有生活的天赋 / 197

自我接受 / 201

生活的多重性 / 206

勇敢地对生活负责 / 212

为什么而活着 / 218

相信生命的力量 / 221

第一章

梦想就在不远处

第一章　梦想就在不远处

没有做不到，只有想不到

"阳光之下创造自己的传奇，暴雨之中也有无限勇气，不畏惧，向前冲，没有做不到的事。"

世界是无奇不有的，因此具有无穷的魅力；人生是可以创造出奇迹的，所以每个人都应该对自己的人生抱有期待。

然而，生命中的神奇都是如何而来的呢？

敢为人先的精神，创造了多少成功者的神话。但这种神话在实现以前，却让人望而却步。也正是这种机遇和危机共存的特点，才使一部分敢想又敢做的人脱颖而出。

记得王菲的歌里有这么一句词："就像蝴蝶飞不过沧海，没有人忍心责怪。"但就是这小小的蝴蝶也有出人意料

的勇气。蝴蝶一族在沧海边徘徊了几千年,它一直纳闷海的那边是什么样子。它问那些鸟儿,海的那边是什么?鸟儿说,那边有美丽的森林、绿色的植物和鲜艳的花朵。

蝴蝶的祖辈们已经在这个沧海边的花丛里生活了很多年,它没有勇气尝试飞越沧海去领略海那边不一样的世界。直到它慢慢地老了,郊外的花草树木被现代文明侵蚀得所剩无几,它不得不做一次冒险的尝试。如果可以,它的后辈们便能生活在花朵的世界。那天,它展开翅膀在海边一次次试飞。终于,它闭起眼睛,朝前方飞去。飞到海的中央,头顶是碧蓝的天空,下面是一望无垠的海水。又不知飞了多久,终于,它飞到了梦想中的地方,成了那片花海中唯一的一只蝴蝶,受到了所有植物的拥戴。

尝试,很难也很简单;梦想,离我们很远,也很近。

这是一个神奇的世界,没有什么不可能的事情。也正是因为这许多可能性的存在,我们的地球、我们的世界才如此生机勃勃。动物尚且如此,充满智慧的人类又如何呢?

拿破仑·希尔说:"一切的成就,一切的财富,都始于一个意念,即自我意识。"

在圣路易斯有一位非常杰出的脑科大夫,他是华盛顿

第一章　梦想就在不远处

大学脑科手术室的主任,他所做的手术几乎就是奇迹,有许多人千里迢迢地来找他求医。"他只不过是个幸运儿",年轻的医科学生可能会这样说,"他只不过幸运地有这种才能。"但是请别太早下结论,让我们看看这位欧内斯特·塞克斯大夫的过去吧。

许多年以前,当他还是一个实习医生在纽约的一家医院实习的时候,一位医师因为无法拯救病人而感到痛心,因为大多数的脑瘤都是无法治愈的,但他相信有一天,一定有一些医生有勇气去挑战病魔,去拯救那些受苦的生命。年轻的欧内斯特·塞克斯就是这样一个有勇气面对挑战的人,他有勇气去尝试几乎不可能完成的任务。当时,在美国从来没有过成功治愈脑瘤的先例,唯一能给这个年轻人一些指导的人是一位在英国的大夫——维克多·霍斯利爵士。他对脑的解剖结构的了解超过任何人,是英国脑科医学界的一位先锋人物。塞克斯获准跟从这位英国医学家工作学习,但在前往英国学习之前,他还做了另一件很有意义的事。因为想要为在这位著名医学家手下工作打好基础,塞克斯花了六个月的

时间到德国求教于那里最有能力的医师，这是许多年轻人不愿花时间去做的事情。维克多·霍斯利爵士对这个美国年轻人的认真和勤奋感到非常惊讶，为他仅仅为做准备工作就花了六个月时间而感动，所以直接就把他带回自己家里。在此后的两年时间里他们一起对猴子进行了多项实验，这为塞克斯未来的事业奠定了坚实的基础。塞克斯回到美国以后主动提出治疗脑瘤的要求，但是他却遭到了嘲笑。面临着各种障碍，他没有必需的设备，仅能靠不屈不挠的精神去努力实现自己的理想。正是靠着这股坚忍不拔的毅力，才使大多数的脑瘤患者在今天可以得到治疗。塞克斯大夫通过训练年轻的医师来传授他的技能，他还在全国建立了许多脑瘤中心，让每一位有需要的患者都能够就近得到治疗。他的书《脑瘤的诊断和治疗》已经成为医治脑瘤病症的权威著作。

　　也许有些事你认为永远无法办到，但是有人却能把这些变为事实，这也许就是奇迹。别人可以，你为什么就不能创造奇迹呢？

　　"当当当——"一位塞尔维亚的牧羊少年在敲打一把长刀的刀柄，但因为刀锋被插在了草地里，所以躲藏在玉米地里

第一章 梦想就在不远处

的来犯者听不到这个信号,但附近的牧羊少年则可以把耳朵贴在地上听到这个警告,正是这个简简单单的办法,使塞尔维亚牧民成功地对付藏匿于夜幕下草丛中的罗马尼亚窃畜贼。这些牧羊少年长大之后大都忘记了这种通过地面传声发出警报的办法,但有一个人例外,他在25年之后以此为理论基础做出了一个划时代的伟大发明,他就是米哈伊洛·伊德夫斯基(1858—1935,匈牙利裔美国物理学家和发明家)。他使本来只能在一个城市内通话的电话能够长距离使用,哪怕跨越大陆。

"我没有机会去自己创造什么。"你也许会这样说。没有机会?胡说!创造的机会在你每一天的生活中处处皆是,许多伟大的发明就是通过对平常的东西进行不平常的思考而得来的。

感慨的同时也更加肯定一点:没有做不到,只有想不到。我们本身就是为了创造无限的可能才存在的,每个人的一生都是独特而有意义的。如果每个人都能抱着这种想法肯定自己是独一无二的,那么请相信人生中也没有什么事情可以让你感到没有信心和郁闷的了。

当父母问孩子长大之后想做什么的时候,如果孩子说我

想当个科学家，那么请千万不要一笑而过，尊重孩子单纯但又最真实的想法，也是在尊重一种值得称赞的可能性。多少科学家都是从儿时就表现出与众不同的思维的。

当老师问自己的学生以后想上什么样的大学时，如果得到的回答是哈佛或者剑桥，那么这是一件值得老师激动的事情。即使这个学生成绩平平，至少他已经拥有了无限可能的精神，值得人去相信。即使考不上哈佛或者剑桥，他的人生也一定与众不同。

当上司问自己的属下：有什么人生规划的时候，如果对方说"第一个目标就是超越你"，那么可能这个属下已经喝醉了。当然不排除遇到一个英明无比、视才如宝的上司认真地对待这个回答，并且为之感到高兴——"青出于蓝而胜于蓝"是件值得人高兴的事情。

总之，不管想经历怎样的人生，前提都要对未来保持一种积极探索的精神。想法，在头脑里生成；做法在实践里证明。两者之间是相互信任的亲密关系，那么就没有什么是不可能的。只要你能想到的都可以去尝试，只要尝试了就是一种收获。做到与否，要靠实践和时间去证明，所以请相信：没有做不到，只有想不到。

第一章 梦想就在不远处

人因梦想而伟大

2012年春节过后,我在北京举办的一场演讲会上说:"我要用自己的后半生,去实现早已生根在我心中很久的一个理想:在我实现自我价值的时候,承担起我应该承担起的社会责任,为了国家、民族的富强而奋斗。"

当我讲完这段话的时候,台下有一位小姑娘站起来问我:"老师,你这样的话是不是太空了、太大了?"听完这位小姑娘的话之后,我对她说:"伟人之所以伟大,是因为他成就了一个伟大的梦想;伟人之所以伟大,是因为他在实践一个伟大的梦想;伟人之所以伟大,根源于他有一个伟大

的梦想。我之所以强调梦想的力量，是因为我意识到梦想将决定我人生的成败。"

我深深地知道，太多的人让梦想在庸常的生活里消弭于无形，他们不再心怀梦想，不再试图去塑造人生、把握命运，这些人也就失去了成为强者的可能。而我的人生，就旨在重建梦想，实现梦想，唤起每个人那无穷无尽的力量。

那一天，我永生难忘，我感觉到自己活在了真实的梦想之中。那天，当我从公司办公室回到家的时候，我提笔写了这样一段话："今天是我写下梦想的第一周，先将这个计划与几个朋友进行了沟通，几乎百分之百地得到了反对。理由很简单，他们认为过去你是这样的，突然要变成另外一个样子，能行吗？最重要的是他们感到了一种触动，似乎如果你成功了，他们就显得很不成功的样子。"

但在我看来，我认为有梦想总比没有梦想好，这正如哲人所云："人，因梦想而伟大。"美国黑人领袖马丁·路德·金之所以伟大，是因为他梦想黑人与白人们平等、自由。为此他在《我有一个梦想》中说：

100年前，一位伟大的美国人签署了解放黑奴宣言，今天我们就是在他的雕像前集会。这一庄严宣言犹如灯塔的光

第一章 梦想就在不远处

芒,给千百万在那摧残生命的不义之火中受煎熬的黑奴带来了希望。它的到来犹如欢乐的黎明,结束了束缚黑人的漫漫长夜。

然而100年后的今天,黑人还没有得到自由,100年后的今天,在种族隔离的镣铐和种族歧视的枷锁下,黑人的生活备受压榨。100年后的今天,黑人仍生活在物质充裕的海洋中一个贫困的孤岛上。100年后的今天,黑人仍然萎缩在美国社会的角落里,并且意识到自己是故土家园中的流亡者。

今天,我们在这里集会,就是要把这种骇人听闻的情况公诸于众。

朋友们,今天我对你们说,在此时此刻,我们虽然遭受种种困难和挫折,我仍然有一个梦想。这个梦是深深扎根于美国的梦想中的。

我梦想有一天,这个国家会站立起来,真正实现其信条的真谛:"我们认为这些真理是不言而喻的;人人生而平等。"

我有一个梦想。

我梦想有一天,幽谷上升,高山下降,坎坷曲折之路成

坦途，圣光披露，照满人间。

如果美国要成为一个伟大的国家，这个梦想必须实现。

让自由之声从新罕布什尔州的巍峨峰巅响起来！

让自由之声从纽约州的崇山峻岭响起来！

让自由之声从宾夕法尼亚州阿勒格尼山的顶峰响起！

让自由之声从科罗拉多州冰雪覆盖的落矶山响起来！

让自由之声从加利福尼亚州蜿蜒的群峰响起来！

不仅如此，还要让自由之声从佐治亚州的石岭响起来！

让自由之声从田纳西州的瞭望山响起来！

让自由之声从密西西比州的每一座丘陵响起来！

让自由之声从每一片山坡响起来。

当我们让自由之声响起来，让自由之声从每一个大小村庄、每一个州和每一个城市响起来时，我们将能够加速这一天的到来，那时，上帝的所有儿女，黑人和白人，犹太人和非犹太人，新教徒和天主教徒，都将手携手，合唱一首古老的黑人灵歌："终于自由啦！终于自由啦！感谢全能的上帝，我们终于自由啦！"

第一章　梦想就在不远处

由此看来，一个有意义的梦想甚至可以改变一个国家、一个时代。孙中山之所以伟大，是因为他毕生都在实践推翻禁锢中国人民几千年的封建帝制的梦想；邓小平之所以伟大，是因为他亲手设计的强国梦真的让十几亿中国人强大起来。人，因梦想而伟大！同样，对于即将创业的我们，或者说正在创业的我们来说，我们的梦想也非常重要，将会影响到我们的一生。

那么，我的梦想是什么呢？我的梦想就是在20年之后，我拥有属于自己的企业帝国，在这个帝国里，我拥有很多的财富，我拥有了琦金国际企业大厦，我为社会做了数不清的社会福利，我为国家上交了数以亿计的税收，我为国家的繁荣昌盛尽到了自己应该履行的社会责任。

梦想就在不远处

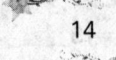

当一个人已经拥有一定实力的时候,他已经不需体现自己有多优秀了,他需要做的是去创建一个平台,让更多的人在这个平台上一起实现梦想才是他人生的价值和意义!

我对成功没有什么特别的定义。一些老板看着很厉害,开名车、住豪宅,可是与他一起打拼的员工却挤着公交车去上班,住在民房里。而另外一些老板,自己开着一辆很普通的车,而他的员工都是开豪车、住豪宅。把这两个进行相比,哪个老板的员工会力挺公司、全力以赴地为公司工作呢?我想答案,大家也是知道的。每个人都有自己的思想,都有自己的路要走,也有自己的目标要去实现。但是,很多人在当下都没

第一章　梦想就在不远处

有办法去参加什么课程，也没有机会碰到自己的人生导师。人生最重要的导师没有找到，路要何去何从呢！

很多人经常迷茫不知道自己的去向，这很正常。因为我们的经历少，我们只是迈出了一步、两步……人生的不同，仅仅是迈出的步数的不同而已。所以，我们的迷茫，只是我们走到第几步的迷茫，并不是我们整个人生的迷茫！因此，从某个角度来说，只要肯前进，就不会有迷茫。

美国蓝德调查公司经调查后认为，一个人失败的原因，90%是因为他周围的亲友、伙伴、同事和熟人都是一些失败和消极的人。

事实也确实如此。在我的公司里，有一个年轻人叫周伽瑜，我和她的相遇是偶然的，但也是充满刺激的。1998年，我认识了周伽瑜，她那积极向上的热情深深地感染了我，好像我也变得自信了起来。

在我的记忆里，那天，周伽瑜已经感觉到自己已经走投无路了，她两眼木然地望着远方。却不知是何缘故，当我走到她身旁的时候，我手里的文件夹却掉了出来，重重地砸在了她的脚上，她情不自禁地"哎哟"了一声，我不停地向

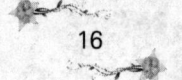

她说"对不起",但就在一声惊叹之后,她却好像没有了反应。于是我对她的表情好奇起来。就这样,我们认识了。接着,我们进行了一次对话,至于这次对话,周伽瑜在多年后回忆说:"当我走投无路成为销售人员的时候,也是李总的鼓励和建议让我在最困难的时候能够支持下去。当然,除此之外,也不乏有一些和李总一样的朋友在身边支持我,并坚信我能成功。就是这有了这样的良师益友,才使我的梦想得到了实现。"

每一位成功人士都需要良师益友,而只有有着同样目标和世界观的人才能进行真诚的交流。如果你能找到与你有同样渴求并且已经成功的人士,那么你成功的脚步会迈得更快,这是我在与一位年轻的银行总裁共进午餐后的最大体会。

当我和这位年轻的银行家在约定的餐厅见面时,我真的很惊讶,因为我没有想到他是如此年轻。而当我坦率地向他提出这一点时,他也只是笑笑,并且说这种事每天都在发生,他很希望快点老,那样就不会吓到别人了。

这位年轻人才28岁,就已成为了一家银行的总裁。并且他没有任何亲戚,或关系网在银行里帮助他,而是靠自己的

第一章 梦想就在不远处

努力得到这个职位的。

这引起了我极大的好奇，而我本来就是个好奇心强的人。我问道："朋友，很少有人年纪这么轻，就能在银行里升到这么高的位置。我对此很好奇，你介意告诉我你是如何做到的吗？"

"哦，当然不，"他说，"这需要下许多功夫。真正的秘诀是：我有一位经验丰富的银行家朋友。在我大学毕业前，有一位退休的成功银行家到班上致词，他当时已经70多岁了。他在临别时告诉大家，如果想与他成为朋友的人，可以打电话找他。听起来是不是他只是在说客套话？但他的建议却引起了我的兴趣。噢，我得承认，我迫切需要这样的朋友来激励和引导我。但我当时真的很紧张，毕竟他是个有钱而且杰出的人。但最后，对财富或说是成功的渴求占了上风，我终于鼓起勇气给他打了电话。"

此时，我完全被这个故事迷住了。看到我全神贯注地听他讲述，这位年轻的银行家很满意地继续回忆说："坦白地说，我很惊讶。他非常友善，甚至邀请我与他见面谈谈。我去了，并且得到了许多建议满载而归。他给我讲了许多他以前的奋斗经历，告诉我选择在银行做事，又告诉我如何将自

己推荐给别人而获得一份工作。临走时他告诉我,如果我需要他,他还可以做我的指导老师。后来我们一直保持着非常好的关系,我每周打电话给他,而且我们每个月至少一起吃一顿午餐。他从来没有试着帮我解决问题,但是他的观念和思维却激发了我的成功欲望。并且我也了解到,要解决银行的问题有哪些不同的方法,而这些方面都是经过时间和经验的沉淀才可以。"

听到这里,我对这位新朋友说:"你是个聪明又幸运的人,我真的很高兴认识你。"年轻的银行家大笑起来,说道:"是的,我也这样认为。"

假设我们都有这样一位看似平常的朋友,在日常交往中用一言一行影响着你,用他丰富的阅历指导你,你又怎么不会成功呢?

很多东西都是自己内心的假象。每个人都会有梦想……曾经,我们在内心深处希望自己天赋异禀、有所作为,令人刮目相看,推动世界进步。也曾在某些时候,我们希望营造美好的人生,期待高品质的生活。然而有多少人,由于生活的挫折、琐碎而不努力去实现这些梦想。而我的人生,就旨在重建属于我的梦想,实现梦想,唤醒每个人心中那无穷无

第一章　梦想就在不远处

尽的力量。

我从来不觉得自己很一般。我相信每个人都是宇宙中的奇迹，这一切取决于你的心是怎么想的。生命是一样的，只是所走人生之路的宽度不一样、格局和境界不一样。所以，要不断地扩大宽度、格局和境界。而这一切如果只是通过看书、看电视、看视频学习理论是远远不够的。只有深入红尘，深入生活，从不同角度、时间、空间来体验，用心去感受。只有感受，才会有最大的收获！

人，活着就要活出自己！我个人很喜欢苹果公司的创始人乔布斯的一句话："人活着就是为了改变世界。"所以，我课程的宗旨就是——讲自己亲身实践过的东西，解决企业及个人当下所遇到的问题，这才是硬道理！

创造持久的改变

许多人现在都会羡慕我的生活，羡慕我有辉煌的事业和舒适的生活。然而，他们没有看到我的汗水、泪水和布满四周的荆棘。

如果把我的人生当作一盘棋来看的话，那么我的人生的结局就由这盘棋的格局决定。想要赢得人生这盘棋的胜利，关键在于把握住棋局。在对弈中，舍卒保车、飞象跳马……种种棋局就如人生中的每一次博弈，相同的将士象，相同的车马炮，因为下棋者的布局不同而大不相同。棋局的赢家往往是那些有着先予后取的度量、统筹全局的高度、运筹帷幄而决胜千里的方略与有气势的棋手。

第一章　梦想就在不远处

在我追求事业的发展过程中我深深地懂得，一个人只有持久连贯的改变才是有效的。我们都曾经历过一次的、短暂的转变，最终却一无所获。事实上，很多人在尝试转变的过程中，不断涌出担心、恐惧等情绪，因为他们不知不觉地把转变仅仅当作是一种尝试。所以有些人的"节食"计划最后流产了，主要是因为他觉得这一切的努力和奋斗所承受的痛苦所能带来的只是短暂的改变。我在孜孜以求的是持续改变的组织原则，持续不断地改变我的人生轨迹。

人都有一种奇怪的心理，那就是往往容易站在自己正在遭受的磨难的立场上去揣测别人，觉得别人都比自己过得逍遥、幸福，相比之下，自己则成了世上最晦气，最不幸的人了。

有位智者为了消除人间的疾苦，就选了100个自认为最痛苦的人，让他们把各自的痛苦写在纸上。写完后，智者说："现在，把你们手里的纸条相互交换一下。"这100个人交换过手里的纸条后，个个十分惊奇，都争着从别人手里抢回自己写的。这其中有两层含义：一是说每个人都有自己的痛苦，因为看问题的角度、人生观等不同，所以每个人的痛苦都不一样；再一点就是，别人的痛苦比你的更多，更大，相

比之下，你的那点痛苦就显得很微小了。只是，你以前为什么没有意识到呢？为什么要老张瞪眼睛羡慕别人呢？"并非只有我的生活才充满悲伤与挫折，即便最聪明、最成功的人也同样遭受一连串的打击与失败，我为什么要看不起自己，不相信自己呢！"

近代著名的军事家、政治家曾国藩在谈到如何将事业做大时，有这样一句名言："谋大事者首重格局。"的确如此，一个人格局一大，哪怕从外表看起来他似乎一无所有，但胸中却拥有十万雄兵。"笔底伏波三千丈，胸中藏甲百万兵"形容的就是善于造势、善于布局的人！

今天的企业家们在市场经济中成为主角的背景下，谁都想把事业做得大。但是怎样才能将事业做大呢？格局有多大，事业就有多大！格局决定命运，远见决定高度！成功的企业往往是有着人生大格局的企业家！

中国企业最大的问题，不是资金、不是市场、不是规模，而是经营者的思想和格局。企业发展最大的局限，就是企业领导人思想的刻板化、局限化、模式化，打破了，才能进步，才能成长，才能突破，才能腾飞！心有多大，舞台才有多大！格局不设限，人生才能无极限！

第一章 梦想就在不远处

在我与一些知名企业家和培训师接触的过程中，其中有人问我："如何才能提升自己的格局呢？"我给他们的答案是：与时偕行，与时俱进。

随着"注意力经济"时代的到来，企业和企业领袖的形象更多地走入人们的视线，成为关注的重点。一个有大格局的企业家不能忽视宣传的力量。而出版自己的专著，对个人或者企业都有极大的品牌提升力。"近几年来，出书的企业家如过江之鲫，企业家出书热潮更是一浪高过一浪。某些企业家在成为'娱乐明星'——出席各种各样的晚会和颁奖典礼的同时，他们的大作也连连面世，而且畅销市场。"

企业形象往往表现在人们对企业家的认识上，一本企业家自己的专著展示了他的事业理念、人生信条，描述企业家成长道路，彰显企业家开拓事业运筹帷幄的智慧，帮助其确立"儒商"形象。这样的案例很多，在我的印象中，自从张其金首次出版《中关村风云》之后，就有了《硅谷之谜》，然后是《如何造就中国的微软》《联想为什么》《微软的秘密》《蓝色巨人》《东软密码》等著作相继问世。最近几年，比如《蒙牛内幕》《欧派之道》《海尔中国造》《道路与梦想》等图书也一路走红。对于这些企业家来说，出书并不仅仅是

为了赚钱，在他们心中，装着一个更深广的格局。

所以，一个人，无论生在什么样的环境里，只要我们敢于憧憬未来，我们就会有机会实现梦想。就好像"销售王子"施文彬在校园里找到了改变自己的机会一样，我们也同样会有属于自己的机会。面对生活，施文彬选择的不是沉沦和等待，而是依靠自己的力量尽快地站起来！那时候他也明白了一个道理："如果一个人贫穷，就必定要接受令人心酸的事实，而改变这一事实的方法，就是让自己尽快强大起来！"

第一章　梦想就在不远处

敢于梦想

敢于梦想的人，无论怎样的贫苦和不幸，他们总是相信较好的日子终会到来。

美国历史上充满了传奇式企业家的故事，他们不盲从权威，富于冒险精神，敢于为实现自己的"梦想"而奋斗。除大名鼎鼎的汤姆·爱迪生和比尔·盖茨以外，还有成百上千名不见经传者，他们凭远见和毅力取得了成功。

1989年的一个夏夜，45岁的斯科特·麦格雷戈还在加州胡桃湾市自己的家里敲打电脑，他从屏幕前抬起疲劳的双眼，瞧见厨房那边妻子黛安娜和十几岁的双生子克里斯和特

拉维斯正凑硬币去买牛奶。

这位父亲顿生负罪感,他走进厨房,说:"不能再这样下去了,我明天就出去找工作!""不能半途而废,爸爸。"特拉维斯反对。克里斯补充:"你就要成功了!"

两年前,麦格雷戈放弃了有保障的"顾问"职位去谋求实现本人的一个"梦想":他原效力的公司是在机场和饭店向出差的企业人员出租折叠式移动电话的,但这种电话不能提供有详细记载的计费单,而没有这种"账单",一些公司就不给雇员报销电话费;现在急需在电话内装一种电脑微电路,以便纪录每次通话的地址、时间、费用。

麦格雷戈知道自己的设想一定行得通,在家人的大力支持下,他开始物色投资者并着手试验,但这项雄心勃勃的冒险进行起来并不顺利。

1990年3月的一个星期五,全家几乎面临绝境,一位法庭人员找上门,通知他们如果下星期一还交不上房租,他们就只有去睡大街了。麦格雷戈在绝望之中把整个周末都用来联系投资者,功夫不负有心人,星期天晚上11点,终于有人许

第一章 梦想就在不远处

诺送一张支票来，麦格雷戈用这笔钱付了账单，并雇用了一名顾问工程师。但是忙碌了几个月，工程师说麦格雷戈设想的这种装置简直是"不可能"！

到了1991年5月，家庭经济状况重新陷入困境，麦格雷戈只好打电话给贝索斯——一家著名的电讯公司，一位高级主管在电话中问了他："你能在6月24日前拿出样品吗？"

麦格雷戈脑中不由想起了工程师的话和工作台上试验失败后扔得到处都是的工具，他强迫自己镇定下来，用尽量自信的声音说："肯定行！"他马上给大儿子格里格打去电话——他正在大学读电脑专业，告诉他自己所面临的严峻挑战。

格里格开始通宵达旦地为父亲设计曾使许多专家都束手无策的自动化电路，在父子二人共同努力下，样品终于设计出来了。6月23日，麦格雷戈和格里格带着他们的样品乘飞机到亚特兰大接受检验，一举获得成功。现在，麦格雷戈的特列麦克电话公司，已是一家资产达数亿美元、在本行业居领先地位的企业。

正是不轻易动摇的信心让麦格雷斯走向了成功，成功从自信开始，建立起强大的自信，并自强不息、奋斗不止、勤

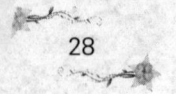

奋不辍,你终会超过别人,战胜别人,成就自己。

如果不是拥有自信与梦想,麦格雷戈不会坚持到最后。只有相信自己并为之努力,才会摆脱困境,过上好日子。

每个人都有梦想的权利,不管你是山沟里的一个穷孩子,还是城市里地位显赫的官人,梦想赐予每个人梦想的权利。不是有人说过吗?人这一辈子活于世间,就只有两件事情:做梦和圆梦!

问问自己:你的梦想在哪里?你有去圆自己的梦吗?

梦想,像一道美丽的彩虹挂在我们心灵的那一边,让我们在风雨中可以毫无顾忌地驰骋,只为迎接它的到来;梦想,像美丽的童话故事中灰姑娘的那双水晶鞋,展示着它生命的荣耀与光华;梦想,像高空中的海燕,不惧风暴的猛烈,仍能展翅飞翔;梦想,是我们每个人心中一盏永不熄灭的明灯,照耀着我们前方的道路,让我们的道路不惧泥泞和艰险,在每一次跌倒后都能勇敢地爬起,坚强地挺起胸膛!

奥里森·马登在他的著作《奋力向前》中如是写道:"一个人,他可以一无所有,但不能没有梦想;一个人若想成功,首先要明确自己最爱的是什么,最渴望的是什么,梦想是什么。谁也不能没有梦想就能干成大事。梦想是一切成

第一章 梦想就在不远处

就的驱动器。恰是这一品质将成功者与苦干家、个性威严者与生性懦弱者区别开来。这辈子干什么、成为什么样的人、取得什么样的成就，在很大程度上都取决于你的梦想。"

我们每个人的一生就是圆梦的过程，这个过程有痛苦，有欢笑，有坎坷，有荆棘，然而，只要你一直坚定地走下去，直到叩响梦想老人的大门，他一定会带着慈祥的笑为你打开那扇门，让你走进梦想之屋，获得你想要之物！

有人说，我的梦想就像高悬天际的启明星，我觉得自己永远无法够到它；

有人说，梦想只是属于那些有钱人，大人物，而我只是一个平凡的人，我永远无法触摸到梦想的翅膀；

有人说，梦想永远是梦想，永远不可能有实现的那一天；

还有人说，我曾经有过自己的梦想，可是生活的重压，早已磨去了我的棱角，梦想离我越来越远……

可是，你相信吗？梦想有着无限的可能，只要你相信他，只要你时刻让你的思维跟着你梦想的步伐，梦想会忠诚地跟随你！

除了你自己，没有人能够磨灭你心中的梦想！很多人之所以始终无法圆自己的梦，那是因为他自己限制了他自己，

是他自己心中的"不可能"和"无法实现"将梦想阻挡在了他的世界之外!

现实中的我们,梦想要切合实际。在编织我们心中的美丽梦想时,是否像那垂钓的男子般因为自己的平凡而不敢去梦想非凡的成就呢?你始终关闭着自己通往更高梦想的心门,认为自己永远也无法到达那样的高度,不相信自己可以做到那么好,那么棒,总是将自己阻挡在更高的梦想之外!

你,压缩了你梦想的空间!你,为自己的生命和梦想设置了限制!

相信自己,你是上帝创造的独一无二的个体,你是美好而珍贵的。生活在这个世界上,你不想让自己往更好的方向发展吗?你不想成为更好的自己吗?你不想借着梦想的翅膀一步步丰富自己的人生吗?那么,请放开你的思想,思想无界限!请扩大你心灵的视野,这样你才能看得更高更远!

小的时候,我们天真浪漫,总是有着自己美丽的梦想,"我要当一名科学家!""我要成为一名作家!"可是,当我们逐渐长大,梦想的空间却越来越小,是我们长大了,困难也跟着年龄变得多了,环境让我们无法去追逐自己的梦想?不是的,是我们用条条框框限制了自己的思维,把自己

第一章　梦想就在不远处

局限在自己设定的宽度和长度里，我们总是对自己说："这不可能！""你没法达到那样的高度！"思维是你忠诚实的行者，你觉得自己行，它就让你真的行；而你觉得自己不行，它就让你真的不行。于是，你在你设限的生命中就真的永远无法冲破自己的空间！

像小的时候那样，无所限制地去梦想吧，让心灵的视野没有边界！不管你的梦想多么遥远，只要你去想象，去相信，去实践，它终会成为现实！

在我们人生的道路上，在我们实现梦想的过程中，没有什么能够真正阻碍我们。有的只不过是一些我们心灵的障碍幻影，当你跳出来，或是搬开它，你会发现人生的光明大道无限地敞开在我们的眼前，那时，你会惊讶于自己所拥有的力量！

"很多时候人也一样。"伊沙·贾德说，"我们每个人的心灵上都有双翅膀，但我们总忽略它的存在，固守在自己的领域里，为了安全感和舒适感，抓着熟悉的东西紧紧不放，从而失去了探寻精彩世界的能力。而往往，当那根'枝条'被斩断时，我们才发现原来自己能够自由翱翔。"

俞敏洪在一次演讲中说道："每一条河流都有自己不同

的生命曲线，但是每一条河流都有自己的梦想那就是奔向大海！我们的生命有时候会像泥沙，你可能慢慢地就像泥沙一样沉淀下去了，一旦你沉淀下去了，也许你不用再为了前进而努力了，但是你永远也看不到阳光了。所以不管我们现在的生命是怎样的，我们一定要有水的精神，像水一样不断地积蓄自己的力量，不断地冲破障碍，当你发现时机不对时，把自己的厚度给积累起来，当时机来临的时候，你就可以奔腾入海，成就自己的生命！"

有这样一个小男孩，他家境贫寒，生活在社会的最底层，家里仅仅依靠父亲为他人修鞋赚取一点儿生活的费用，运气好的时候还能勉强维持生活，不好的时候一家人就只能饿着肚子过活。生活的贫困和饥饿的煎熬常常让这个小男孩受到同龄的富家孩子的嘲笑和讥讽。

然而，这个小男孩并没有自卑消沉，他有着自己的梦想，他梦想着自己有一天能够通过自己的不懈努力，摆脱贫困的生活，摆脱他人的歧视，成为一个受人尊敬的人！

没有人愿意跟他玩，没关系，他有着自己的梦想，有梦想和他做伴！白天的时候，他常常整天的把自己关在屋子里

第一章　梦想就在不远处

读书，然后等晚上父亲回来的时候听父亲给他讲《一千零一夜》的故事，每到这时，他总是骄傲地昂起头，看着他的父亲，对他说："爸爸，我有一个梦想，那就是以后成为一名出色的演员或是作家！"

在他11岁的时候，寒冷带走了他的父亲，留下了这对无助的妻儿，他和母亲的生活变得更加艰难，母亲唯一的谋生手段就是每天给别人洗衣服。在寒冷的冬天，河水的温度简直无法想像！

那些有钱人对这对困苦的母子依然不放过，他们嘲笑小男孩游手好闲。不得已，母亲便忍痛将小男孩送到附近的工厂里做童工。他常常一边工作一边歌唱，他的歌声带给了工厂的人快乐，后来工人们甚至不再让他干活，他只要歌唱就行。他甚至独个演起了威廉·莎士比亚的《麦克白》。

在这个小男孩14岁的时候，母亲决定让他做裁缝学徒，学会自己的一门手艺，以便以后能够维持生活。他执拗地反抗着，他告诉母亲："妈妈，我要当名人。"他哭着把他读过的许多出身贫寒的名人的故事讲给母亲听，哀求母亲允许

他去哥本哈根，因为那里有著名的皇家剧院，他的表演天分也许会得到人们的赏识。

家里太穷了，母亲实在无法筹出什么东西可以让他带在路上，看着两手空空却要远离自己远离家乡的儿子，母亲难过地哭了。可是男孩小小年纪却安慰母亲说："我并不是两手空空啊，我带着我的梦想远行，这才是最最重要的行李。妈妈，我会成功的！"就这样，他两手空空地带着心中的梦想前往哥本哈根。

在离开故乡的马车上，他曾经写下过这样的句子："当我变得伟大的时候，我一定要歌颂安徒生。谁知道，我不会成为这个高贵城市的一件奇物？那时候，在一些地理书中，在安徒生的名字下，将会出现这样一行字：'一个瘦高的丹麦诗人安徒生在这里出生！'"

没错，这个小男孩就是安徒生！

陌生的城市让他感到渺小和孤单，但是他立刻擦去眼泪，告诉自己，现在不是哭泣的时候，要行动起来，信心百倍地行动。他像《天方夜谭》中的贫苦少年阿拉丁一般，开

第一章　梦想就在不远处

始为自己的神灯而奋斗了。

　　然而，每个人的梦想之旅都不是一帆风顺的，小安徒生也一样。在哥本哈根，他同样常常受到他人的嘲笑，他饰演的角色也只能是侏儒、男仆、侍童、牧羊人等。而且突然而来的一场大病又严重损害了他的声音。他终于明白，要实现成为名人的梦想，已无法依靠舞台。

　　在哥本哈根的日子里，他阅读了很多名著和剧本，他清醒地意识到自己所要追求的"神灯"是什么了。于是，在以后的日子中，他开始投入到写作中。

　　在开始的日子中，由于他没有名气，他的书写出来根本没有人买，他得到的依旧是嘲讽和奚落，被人说成是"对梦想执著，但时运不济的可怜的鞋匠的儿子"。

　　他懊恼过，绝望过，可每一次懊恼和绝望过后，他总是能振奋起来，一遍又一遍地鼓励自己，"我并不是一无所有，至少我还有梦想，有梦，就有成功的希望！"

　　终于，在他23岁的时候，在他经过9年的哥本哈根寻梦历程过后，在一次次刻骨铭心的失败后，他的剧作《在尼

古拉耶夫塔上的爱情》公演，得到了公众的承认和欢呼。他的梦想开始向他展现了笑容！

在他29岁的时候，他的长篇小说《即兴诗人》出版，受到热烈追捧，而一举成名。与此同时，他的第一本童话集问世，收录了四篇童话——《打火匣》《小克劳斯和大克劳斯》《豌豆上的公主》《小意达的花儿》，也就此奠定了他作为一名世界级童话作家的地位。

是什么让安徒生从一个穷苦的小男孩，成为了一名世界级的童话作家？是从未泯灭的梦想。他可以什么都没有，但是他一直携带着自己心中最重要的东西，那就是梦想！梦想只要能持久，就终能成为现实。

没有梦想的人生一定是苍白的人生。梦想让一个人从内心黑暗的夜走向洒满阳光的大道上，它让艳丽的花朵盛开在尽管贫瘠的土地上，让温润的雨露浇灌每一个干涸的心灵，让一切不可能转变为奇迹张开飞翔的翅膀飞落在人们惊讶的目光中。

拿破仑说："不想当将军的士兵不是好士兵！"没错，梦想是支撑我们每个人不断前进的动力。如果说人生是一场

第一章　梦想就在不远处

旅行，那么，旅行的途中我们可以什么都没有，但是却一定不能缺少了梦想。时刻有梦想作伴，我们的人生才充满无限可能，变得美妙异常！

　　因此，请点燃你的梦想，带上你的梦想飞翔，且对它坚信不移！

追求永无止境

追求,是把梦想变成现实的、活生生的可以触摸得到的东西。

追求本身是一件值得人赞誉的事情,珍惜当下,就是在为自己追求的目标负责任。

如果说每一个过去是一本故事书,那么"现在"就是故事书的作者;"未来"就是这本书的读者。书的内容是否精彩就看今天的自己在做什么,自己做的每一件事情又是否是值得的,有多少价值。

幸福,这个人类的最初目标,其实只是一种心理状态。只有对未来的成就抱着希望,才能达成这一目标。幸福永远

第一章 梦想就在不远处

存在于未来,而不是过去。

成功,这个奋斗者的最终目标,原动力也是心理状态。只有梦想着尚未获得的成就的人才会拥有。

幸福与成功两者之间却有着密不可分的联系。

你想要拥有的房子,你想赚来的钱财,你想要做的旅行,你想要担任重要的职务,以及为实现这些目标而进行的准备过程本身都能产生幸福。此外,这些都是组成你"明确目标"的因素,这些都是可能使你对它们产生热情的事物,不管你目前的状况如何。

在天涯论坛的职业板块曾经有这样一个帖子,楼主帖子的内容如下:

"我白天要上班,晚上要上夜大自考班,整天好像是紧张充实,又像是浑浑噩噩,我没有时间去看清晨的日出和彩霞,晚上与星星谈谈心,驻足于草坪花丛听听花儿、草儿生长的声音,我幻想着有一天我能放下这一切的俗务,到海南、到西双版纳、到夏威夷去度假,那时我该有多快乐……"

在给这位楼主的回帖中,很多坛友都在安慰她,也同样

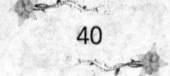

表达自己的无奈。是的,她的幻想是很美丽的,足以让世上的大多数人动心,但也许它实现的机会很小。

其实,通过自身的努力,我们是可以尝试把享受幸福与体会成功相联系在一起的。要享受生活、要快乐并不需要那么多的附加条件。虽然生活本身很忙碌,但完全有时间有条件满足看看星星、看看日出的愿望。因为我们早出晚归的生活为我们创造了条件。这不是一种自我解嘲的诉说,而是一种乐观的心态。忙完一天的工作,骑上我们的"宝马"自行车,迎着太阳落下后晚间徐徐的凉风,思索一天的收获。如果你加班了,那么就更有幸运看到星星了。这些享受不也都一一实现了吗?所以,不要把这些享受留在明天。只要你今天有享受的心情,你就完全能做到,明天会有明天的不如意和制约条件,是靠不住的,甚至你还会懊恼今天没有好好享受年轻的心情与生活呢。

享受生活和享受成功是可以相辅相成的,需要太多的条件与借口,它最需要的只是一种你需要它的心情。

面对今天的现实,给自己今天的快乐,另外一个时空会有另外一种快乐,错过了今天,你也就错过了今天的快乐。而且不只是休闲娱乐中有快乐,工作、学习中也有快乐,它

第一章 梦想就在不远处

随处躲藏，需要你用心灵去体会。

现实是一种难以捉摸而又与你形影不离的时光，如果你完全沉浸于其中，就可以得到一种美好的享受。抓住现在的时光，是玩耍的时间就尽情地玩耍，是休息的时间就畅快地休息，是工作的时间就认真地工作。怎么可以总是"身在曹营心在汉"呢？抓住现在的时光，这是你能够有所作为的唯一时刻。不要期待在将来生活的某一天，会发生奇迹般的转变，一下子变得事事如意，幸福无比。未来永远没有你想象的那么美好、如诗如画，它也只能是将来的一种真真切切的现实。

很多时候和朋友闲聊，都会有类似的话题：

在上高中的时候总觉得每天都是习题、作业、试卷……太枯燥了；到了大学又会抱怨专业的垃圾和就业形势的严峻，工作之后仍然发现没有时间和心情去玩去享受，结婚、房子、车子、孩子……也许等到要退休或临终时还会想呢：这一辈子，什么时候才可以放松去享受呢？做了这么多的事情怎么还没有获得什么成功呢？

社会环境总是要求人们为将来牺牲现在。根据逻辑推理，采取这种态度就意味着不仅要避免目前的享受，而且要永远回避幸福——将来的那一刻一旦到来，也就成为现在，

而我们到那时又必须利用那一现实为将来做准备：幸福遥遥无期，成功遥遥无期。而且终有一天，我们又会陷入对以往的追悔中。

珍惜每一个人生的阶段，体会每一个人生阶段，哪怕不只有快乐的回忆，只有在这样的态度下生活，才不会轻易错过任何的获得，不会在这种明天与昨天的交替中失去了今天。

昨天，是张作废的支票；明天，是尚未兑现的期票；只有今天，才是现金，才能随时兑现一切。人的生命就是活在今天，活在现在，因为昨天已经成为了过去，明天还没有到来，所以，今天的事情就是你生命的全部，做好现在手头上的每一件事情你就没有白活。

过去——现在——未来，看似在一条线上，其实只要抓住了关键的中间，两边的存在都是可以忽略不计的。

人活着必须要有追求，如果没有追求，没有理想，没有目标，将会迷失自己，会活得很空虚、很迷茫，不知道自己为了什么而活着。我们必须清楚地知道自己要什么东西。

小时候想当个科学家，长大后想做名律师，退休了想上老年大学……人一生有无数个想去达成的梦想，也就意味着有无数次想去实现的冲动。追寻一个梦想也许一年、五年，

第一章　梦想就在不远处

甚至一辈子，所以说，追求是没有止境的。

很多人奋斗了一生，最后还是一个失败者，或者说是一个失意的人。原因很多，很重要的一点是因为没有发挥潜能的良好环境，他们从未处在一个足以激发他们潜力的环境中，所以他们的潜能没有被激发出来。那么有人问了，这类人的人生会有价值吗？有，当然有，只要他曾经追求过，那么即使没有好的结果也是不会去后悔的。倘若现在仍旧在坚持的话，那么仍然是值得很多人去学习的。

中国古代有"大器晚成"的说法，有的人直到老年时才成气候，但相对于一生都埋没在贫瘠的土壤中不能生长的人来说，也算比较幸运。什么时候成事不重要，重要的是你为此而付出的努力是实实在在的，收获的人生经历也是实实在在的。

一个到了中年还目不识丁的人后来做了美国西部一个城市法院的法官。这个人从前的职业是一个铁匠，没有接受过正规的教育，但他后来当了法官，这是一个大幅度的成功跨越，这个成功跨越源于他听了一篇"教育之价值"的演讲。这次演讲激发了他潜伏的才能和远大抱负，最后成就了一番事业。他从自己成功的经验中萌发了一个很大的抱负，要帮

助同胞受教育。他60岁的时候，拥有了全城最大的图书馆，很多人在他的图书馆里获得了受益一生的教诲，他本人也被公认为学识渊博的人。

这样的事例很多，在我们生活的周围，你只要细心观察，你会发现很多人都有类似那位法官一样的经历，直到老年时他们的潜能才被激发，有的是由于阅读富有感染力的书籍而受感动；有的由于聆听了鼓舞人心的演讲而受感动；有的是由于朋友真挚的鼓励。

一个人的潜能有时候很像捉迷藏一样，要在适当的契机下才能被发现，所以你必须时时留意生活中的蛛丝马迹，潜能开发得越早越好。当然，开发潜能并不意味着必须要到特别的环境中去，有时候，发挥你潜能的机会就在你身边。潜能的寻找也是人生追求中很重要的一部分，同样，这种追求也是无止境的。

有一个贫穷的人天天想着怎样致富，可是他年复一年的辛苦并没有给他带来财富。终于有一天，他无法忍受自己的贫穷生活了，他告别母亲，要到远方去寻找挣大钱的机会。他带上干粮出发了。

第一章　梦想就在不远处

一天，当他翻山越岭走进一片森林里的时候，天完全黑下来了，他想今天就在森林里过夜吧，于是就地睡在一块草坪上。第二天，天刚亮他就醒了，当他从草地上坐起来的时候，他惊呆了，在朝霞万丈的森林中，他看到一个奇迹，原来昨夜他躺下的地方，竟长满了人参！

这个小故事告诉我们：追求总是能带给人惊喜的发现，但在那之前必须坚持不断寻找。在这个过程里，要坚强到没有什么可以扰乱你的头脑；要和遇见的每一个人谈论健康、幸福和欣欣向荣的事业；去看所有事物阳光的一面，把乐观主义精神坚持到底；只去想最好的事情，只为最好的结果而工作，只向往最好的结果。

此外，追求是每个人都拥有的权利，它不受种族、血缘、年龄……一切条件因素的制约。跨越了这些的追求，是更为值得人去学习和赞扬的。

所有谈论成功的书籍都在告诉我们："每一个成功者都有一个伟大的梦想。"可是现实中还是有很多模仿成功方法却依然没有成功的人，这是为什么呢？

要将梦想变为现实，一定要做三件事：第一，目标远大且合理；第二，用适合自己的方式方法认真对待，全力以

赴；第三，将目标变为现实。

倘若严格遵守了这些，你的梦想之门就即将要被你的真诚，努力和坚持追求所感动了。加油！

第一章　梦想就在不远处

相信自己就能成功

　　失败可能需要很多借口，但成功只需要一个理由，那就是我要成功，我一定成功！你要什么，往往你就能得到什么；如果你连想都不敢想，你又能得到什么？

　　一天牛顿在苹果树下乘凉，他思考着行星绕着太阳转的问题。一个苹果落下来，打断了牛顿的思路。

　　没有风吹，苹果什么会落下来？

　　苹果不向上飞，也不向左右跑，偏偏向下落，这不正说明地球对苹果有吸引力吗？

　　于是，牛顿提出了万有引力学说。

俗话说得好:"狐疑犹豫,终必有悔。"该做的时候就立即去做,只要你认为是正确的,那就没什么好犹豫的。

聪明的人不善于也不需要去为自己做掩饰,因为他们能为自己的行为和目标负责,他们明白拖延是最没有价值最不应该拥有的东西。

面对认为是对的应该用心去做的事情,他们只会立即付诸行动不会有丝毫犹豫。

詹姆斯是一名普通的保险推销员,后来受聘于一家大型汽车公司。工作几个月后,他想得到一个提升的机会,于是直接写信向老板史密斯先生毛遂自荐。老板给他的答复是:"任命你负责监督新厂机器的安装工作,但不加薪水。"詹姆斯没有受过任何工程方面的培训,也看不懂图纸,他觉得是老板在故意刁难他,但是,他并没有因此而降低自己对工作要求,也没有以不会看图纸为理由而怠工,而是充分发挥了自己的领导才能,组织技术工人进行安装,在工作中学习和提高,提前一个星期完成了工程。后来,他不仅获得了提升,薪水也比原来涨了10倍。

现实生活中,很多人都是自己使自己变成一个被动者

的，他们想等到所有的条件都十全十美，也就是时机对了以后才行动。人生随时都是机会，但是几乎没有十全十美的。那些被动的人平庸一辈子，恰恰是因为他们一定要等到每一件事情百分之百的有利，万无一失以后才去做。这是傻瓜的做法。我们必须向生命妥协，相信手上的正是目前需要的机会，才会将自己挡在永远痴痴等待的泥沼之外。不管是机会还是条件都是需要自己去努力争取才有可能获得的。

一般而言，找出事情"没经验、太困难、太费时间"等种种推脱的理由，确实要比"努力不懈、分秒必争、提高效率"这样的追求容易得多，但如果你经常为这些理由而推脱，那么本可以完成的变成不好完成甚至完不成，那你就不可能顺利地完成一切事情，你的思想就会成为滋生懒惰的温床，这对你以后的人生显然是很不利的。这就印证了那句老话："天作孽，犹可恕；自作孽，不可活。"

有的学生在上自习的时候总是看小说或睡大觉，认为作业和习题晚点做也没什么；有的老员工总是故意把本可以两个小时做完的工作慢慢延长到半天，认为这样的"充实"比早早做完又接别的工作的"傻瓜"来的精明；有的老年人想追点儿新潮问子女教聊天软件的使用方法，可是结果任何时

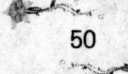

候也看不到他们在线……在我们的日常生活中有太多值得立刻去做而迟迟不做的事情，看起来似乎可有可无，实际上，错过的永远不只是一点点时间这么简单。今天的一点点、明天的一点点、后天……加在一起就是很多很多的时间，而这种浪费是会让人后悔和痛心的，也是几乎不能挽回的。

学生学习的时候分秒必争，是为了在今后的人生里成为别人学习的榜样；员工工作勤恳而高效，是为了证明自己还有很多可以让自己生活得更好的能力；老人与时俱进尝试学习新东西，是为了"老有所用"的信念，为了拥有一个最美的"夕阳"。退一步讲，即使错过的只是时间，时间不也是我们最宝贵最不想错过的人生资源吗？它是不能回头的，就好比错过了机遇就很难成功一样。所以说，归根结底，没有什么是好迟疑的，好的事情就要"这就做"。

当作为学生的你有了强烈的主动意识；当工作后的你有了更强更好的奋斗信念；当年过花甲的你过上充实而新潮的人生，拥有年轻人一般活力的时候。回头看看吧，你会猛然发现，正是因为一个个不迟疑的选择，一个个干脆而坚定的回答，一次次立即的行动才得到一个崭新的人生。"狐疑犹豫，终必有悔。"该做的时候就立即去做，只要你认为是正

第一章　梦想就在不远处

确的,那就没什么好犹豫的。

态度决定一切。

或许态度上的区别,将会决定你与别人之间有很大的差距。"是的,这就做"不是什么低声下气的回应,而是一个渴望成功人所必须秉承的理念;"是的,这就做"不是什么毫无主见的应承,而是一个胸怀大志的人踏实上进的表现;"是的,这就做"不是什么庸碌无为的应答,而是珍惜机遇,珍惜自我的人生态度诠释。如果哪天真的明白了这五个字,相信你会做得更好。

"是的,这就做。"你的成功人生也从这里开始。

第二章

突破平庸

第二章　突破平庸

为自己的理想增加动力

在现实生活中，有一种错误的说法，至少可以说其是不符合实际的，那就是有一些人主张，应当"少谈理想，多讲些实际"。要知道，生活中的那些强者、那些成功者、那些优秀的人，他们的成就都是由良好的心态而产生的。所以，理想是成功的前提，是必不可少的一个环节。

罗杰·罗尔斯是美国历史上第一位黑人州长，这位黑人州长出生在纽约臭名远扬的大沙头贫民窟。很久以来，出生在这儿的孩子长大后很少有人获得大的成就，更可悲的是，他们甚至连一份很体面的工作都无法找到。

可是罗杰·罗尔斯是许多孩子当中的例外，罗杰不仅考入了大学，而且成为了历史上第一个黑人州长。

在一次记者招待会上，罗尔斯对自己的奋斗史只字不提，当别人问他成功的经历，他也只是说了一个人名字——皮尔·保罗。

很多人都不知道这个陌生的名字，但是有一位记者知道，罗杰所说的名字正是他小学的老师，也是他所在学校的校长。

那一年，皮尔被聘为诺必塔小学的校长。当他走进那所小学时，他发现这儿的孩子都很迷惘，每个孩子都有一种消极的情绪藏在心里，而且大部分孩子都非常顽皮。罗杰在学校里是非常出名的一个小孩子，因为罗杰比其他孩子更加顽皮。

有一次，罗杰在皮尔面前用双手搞一些小动作，皮尔没有生气，只是对罗杰说："我一看到你修长的手指，就知道你将来会当上州长。"罗杰听到皮尔的话非常吃惊，因为长这么大，只有他的奶奶对他说过一句令他非常振奋的话，说他长大后，可以做一名非常出色的船长，拥有一艘5吨重的船只。所

第二章 突破平庸

以，皮尔说他可以当上州长这句话，深深地记在了罗杰的心里，并且对此深信不疑。因为他知道，皮尔不会骗他。

此后，罗杰一直都在为成为州长努力奋斗，他开始慢慢地改变自己，改掉了从前的所有恶习。后来，罗杰经过40年的奋斗，实现了他的愿望，当上了州长。

对于自己的成功，罗杰这样说："在这个世界上，信念这种东西任何人都可以免费获取，所有成功者最初都是从一个小小的信念开始的。"

我们之所以会失败，是因为真正所缺的是那些能从信念中产生出力量。这种力量，它不但能使罗杰·罗尔斯这样的学生从一个小混混变成一个州长，也能使爱迪生为了找到做灯丝的材料，面对1600多种材料和几千次试验均失败这样一个结果，面对别人的嘲笑，仍坚信自己的信念，终成为大发明家。也许爱迪生产生的信念不是来自谁的教育、赏识和激发，但是他和罗杰一样，他们的成功，除了仰仗不懈的坚持和努力之外，还有信念在为他们指引方向。

当然，人们决不能只凭理想生活，那样的理想就是幻想。雨果说过："人有了物质才能生存，人有了理想才能生

活。你要了解生存和生活的不同吗？动物生存，而人则生活。"但是，人要有理想，而且要使理想成为现实，这就需要付出艰苦的努力。列夫·托尔斯泰也说过："理想是指路明灯。没有理想，就没坚定的方向；没有方向，就没有生活。"

　　带上你的理想，坚定你的信念，向着你梦想的地方，起航！

第二章　突破平庸

多给自己一些期望

苏霍姆林斯基说:"在人的心灵深处,都有一种根深蒂固的需要,这就是期望自己是一个发现者、研究者、探索者、成功者。"

每个人都期望自己能够成功。这种心理品质虽然很可贵,但有的人却将其埋藏得很深,这样的人一遇到挫折就会畏缩,期望成功的心理之门就会上锁,难以成功。所以,要想成功,就要让自己"期望成功"的大门永远敞开。

有一个小女孩边用头顶着鸡蛋边想:"太好了,鸡蛋卖掉了,就可以再买更多的鸡蛋,鸡蛋会生鸡,鸡又会生蛋,

蛋生鸡，鸡生蛋，换了很多很多的钱之后，买了一个农场，买了农场之后就可以养牛、养鸡、养羊、种苹果，成为一个农场的主人，过着幸福快乐的日子……"当她正得意扬扬地想的时候，突然"啪"的一声，整筐鸡蛋掉在地上，她的一切梦想，在一瞬间都变成了泡影。

鸡蛋的破碎打破了她美丽的幻想，但是这也给她带来了美好的期许。她决定拿出一些实际行动，来改善她的人生，改善她的生活品质。她开始思考，她到底要成为一个什么样的人？做一番什么样的事业？过一些什么样的生活？开一些什么样的车子？交一些什么样的朋友？这从而使她对以后的生活产生了巨大的影响。

那么，我们有没有想过我们未来的生活是什么样呢？

10年前，你还记得你在做什么吗？当时有没有人问过你，10年后你的理想是什么？你的回答也许很多很多，然后10年后的今天，你所做的承诺兑现了吗？假如没有的话，再请你想一想，10年后你要做什么？你会努力去实现吗？

你的人生中有多少个10年？我们每个人都心知肚明，其实10年就是眨眼间，如果你虚度一个又一个10年，那么你

第二章　突破平庸

这辈子就在平平淡淡中浪费了你的生命。所以，千万不要幻想；千万要下定决心，因为你所做的决定决定了你的人生。

面对挫折也是这样，"我想走出挫折"和"我一定要走出挫折"也是不一样的。这就要看你是怎么对待的。如果方向错了，那恶魔结果也一定不如意。

有一个人，在公交车上遇到一个妇人和一只狗，不巧的是，这只狗还占了一个座位，他因不忍疲倦，所以便开口跟那位妇人说："可不可以把你的狗的座位让给我？"

那个妇人装作没听到。那个人开始有点不高兴了，但还是再问了一遍："可不可以把你的狗的座位让给我？"这回，这个妇人是拼命的摇头。

那个人的火一下子大了起来，便把这只狗丢到了车窗外去。

此时，有人说："不对的是那个妇人，而不是那只狗。"

其实，在现实生活中，有很多人都跟那个将狗丢到车窗外的人一样，犯了方向性的错误。在盛怒之下，对错误的对象发脾气，不仅无法改变现状，也往往伤害到无辜的人。狗只是听主人的话，它只是奉命行事，并没有错。真正错的是那位妇人，但是这种错却要由狗来承担。

仔细想想，在我们的工作中，有许多小职员只是奉命行事，而他们并不具有对事情的决定权，真正有决定权的是他们的上司，但却常常遭到不明究理的无情指责或者辱骂，不仅无法让事情解决，也让小职员们委屈万分。

每个人的心中都有一杆秤，有人用金子当作秤砣，有人用权势当作秤砣，却极少有人用心当作称砣。当我们遇到挫折的时候，请用你的心作称砣，看看错在哪里？其实明白以下两点就可以了。

1. 要增强"期望成功"的自我意识

自主地唤起自己的求胜心理，当自己取得暂时的成功时，不要满足于现实，而要产生新的不成功，由成功到不成功，再由不成功到成功，从而使人的好胜心理的发展不断上升。

2. 要增强自信心

在走向成功的道路上，人们肯定会遇到磨难，一定要树立起自信心，"期望成功"的欲望才会持久。一个人的心中一旦有了期望，就会产生动力。期望越记，动力也就越大。但是，我们也不能忽略和期望相反的"失望"。要知道，失望是生活中常有的现象。有人能较快地克服失望情绪，有人却长期为失望情绪所羁绊。

第二章　突破平庸

人一旦被失望的情绪束缚，无法重拾信心，以后将很难取得成功，所以必须克服失望，使自己走出失望的阴影，重新建立希望，赢得自信。那么，怎样克服失望情绪呢？

1. 坚信"失败是我需要的，它和成功对我一样有价值"

这是爱迪生的名言。失败是一种"强刺激"，对有志者来说，往往会产生增力性反应。失败并不总是坏事，也没有什么可怕的。面临失败，不能失望，而是要找出问题症结，寻求进取之策，不达目标不罢休。

2. 期望应该具有灵活性

生活中，不要把期望凝固化。期望不只是一个点，而应该是一条线、一个面。这样的好处是：一旦遇到难遂人愿的情况，我们就有思想准备放弃原来的想法，追求新的目标。当然，这不等于"见异思迁"。比如你去剧场听音乐会，你原先以为自己喜爱的歌唱家会参加演出，不料他因病不能演出，你当时会感到失望。如果你这时将期望的目光投向其他歌唱家时，你就会抛弃失望情绪，逐渐沉浸在艺术美的境地中，内心充满欢愉。

3. 期望应该具有连续性

世界上固然有一帆风顺的"幸运儿"，而更多的却是

"命途多舛"、历尽艰辛的奋斗者,爱迪生发明灯泡先后试制了一万多次,无疑,在这个试制过程中至少也失败了万把次。倘若爱迪生不把自己发明灯泡这个期望,看成是一个连续的过程,不要说一万次失败,就是一百次失败也足以使他望而生畏,知难而退了。要提高克服失望情绪的能力,就要增强自己承受挫折的耐力。

4. 脚踏实地地追求奋斗目标

如果我们对外语一窍不通,却期望很快当上外文小说翻译家,岂不自寻失望?有些人平时学习成绩平平,却想进重点大学深造,结果难免失望。事情的发展结果同你原先的期望不符合,期望越是过高,失望越是沉重。

我们应该追求同自己的能力相当的目标。有时候,目标虽然同自己的能力大小相符合,但由于客观条件的影响,也会招致失望情绪,这时更应注意调整期望值,减少失望情绪。

第二章　突破平庸

快乐的心态

　　心态，就是你对待事物的心理态度，这因人而异，有的乐观向上，有的消极悲观，你就是要保持乐观向上的心态，抛弃消极悲观的心态。这也正是为什么心理学界普遍认同这样一个观点——如果你要改变自己，重塑迷人的魅力，就应该从两方面作手，一是心态，二是行为动作。

　　乐观和悲观是两种截然对立的个人情绪和人生态度。很多人都很疑惑，同样是人，又都生活在同一片蓝天下，为什么有人乐观，也有人悲观呢？

　　在一家卖甜甜圈的商店门口前，有一块招牌上面写着：

"乐观者和悲观者之间的差别十分微妙：乐观者看到的是甜甜圈，而悲观者看到的则是甜甜圈中间的小小的空洞。"

这虽然只是一个短短的幽默句子，但是却向我们透露了快乐的本质。事实上，人们眼睛看到的，往往并非事物的全貌，而只看见自己内心真正想要寻求的东西。因为乐观者和悲观者各自寻求的东西不同，因而，对同样的事物所采取的态度就会不同。

我们如何才能使自己有一个乐观的态度呢？按照下面这个步骤做，相信会取得一定的效果。

1.冲出自制的樊笼

要想翱翔蓝天，就要有飞翔的勇气。只有冲出束缚自己的牢笼，才能有实现梦想的机会。我们只要抱着乐观主义，必定是个实事求是的现实主义者。而这两种心态，是解决问题的孪生子，最不足以交往的朋友，是那些悲观主义者和一些只会取笑他人的人。当我们帮助朋友时，不要只着重分担他的痛苦和说些愚昧的话语。如果要建立亲密的关系，就必须有共同的人生价值和目标。

2.要想改变情绪，试着改变环境

当情绪低落时，不妨去访问孤儿院、养老院、医院，看

看世界上除了自己的痛苦之外，还有多少不幸。如果情绪仍不能平静，就积极地去和这些人接触；和孩子们一起散步游戏，把自己的情绪，转移到帮助别人身上，并重建自己的信心。通常只要改变环境，就能改变自己的心态和感情。

3.听听音乐

在开车上学或上班途中，听听电台的音乐或自己的音乐带。那些愉快、鼓舞人的音乐会让你的身心都得到放松和愉悦。如果可能的话，和一位积极心态者共进早餐或午餐。晚上不要坐在电视机前，要把时间用来和你所爱的人谈谈天。

4.改变你的习惯用语

不要说"我真累坏了"，而要说"忙了一天，现在心情真轻松"；不要说"他们怎么不想想办法"，而要说"我知道我将怎么办"；不要在团体中抱怨不休，而要试着去赞扬团体中的某个人；不要说"这个世界乱七八糟"，而要说"我要先把自己家里弄好"。

5.向龙虾学习

龙虾在某个成长的阶段里，会自行脱掉外面那层具有保护作用的硬壳，因而很容易受到敌人的伤害。这种情形将一直持续到它长出新的外壳为止。生活中的变化是很正常的，

每一次发生变化,总会遭遇到陌生及预料不到的意外事件。不要躲起来,使自己变得更懦弱。相反,要敢于去应付危险的状况,对你未曾见过的事物,要培养出信心来。

6.珍惜自己的生命

无论什么时候,都不要对自己说:"只要吞下一口毒药,就可获得解脱。"没有过不去的坎。当你失意时,不妨这样告诉自己,"信念将协助你渡过难关。"乐观会让你变得坚强和勇敢,会让你离自己的梦想更近一步。

时刻保持一颗乐观的心,人生将格外精彩。

第二章　突破平庸

走出优柔寡断的误区

　　世间最可怜的人就是那些举棋不定、犹豫不决的人。因为优柔寡断可以败坏一个人对于自己的信赖，也可以破坏他的判断力，并大大有害于他的全部能力。

　　优柔寡断的人，有了事情，不自己想办法，而是一定要去和他人商量，自己的问题要完全取决于他人，这种人，主意不定、意志不坚，既不会相信自己，也不会为他人所信赖。

　　更有甚者，他们已经优柔寡断到无可救药的地步，他们不敢决定种种事情，不敢担负起应负的责任。之所以这样，是因为他们不知道事情的结果会怎样——究意是好是坏，是

吉是凶。他们常常对今日的决断产生怀疑，甚至使自己美好的梦想陷于破灭。

决策果断、雷厉风行的人也难免会发生错误，但是他们总要比一般简直不敢开始工作、做事处处犹豫、时时小心的人来得强。因此，对于渴望成功的人来说，犹豫不决、优柔寡断是一个阴险的仇敌，在它还没有伤害到你、破坏你的力量、限制你一生的机会之前，你就要即刻把这一敌人置于死地。不要再等待、再犹豫，绝不要等到明天，今天就应该开始。要逼迫自己训练一种遇事果断坚定的能力、办事迅速果断的能力，对于任何事情切不要犹豫不决。

当然，对于比较复杂的事情，在决定之前需要从各方面来加以权衡和考虑，要充分调动自己的常识和知识，进行最后的判断。一旦决策，就要断绝自己的后路。只有这样做，才能培养成坚决果断的习惯，既可以增强自信，同时也能博得他人的信赖。

有这种习惯后，在最初的时候，也许会时常作出错误的决策，但由此获得的自信等种种卓越品质，足以弥补错误决策所可能带来的损失。

有个男人，无论做什么事情，他从来不把事情做完，都会

第二章　突破平庸

给自己留着重新考虑的余地，比如，当他写信的时候，如果不到最后一分钟，就决不肯封起来，因为他总担心还有什么要改动。我时常看见他，把信都封好了，邮票也贴好了，正预备要投入邮筒之时，又把信封拆开，再更改信中的语句。

在他身上，有一件很搞笑的事情。有一次，他给别人写了一封信，然后又打电报去叫人家把那封信原封不动立刻退回。由于他这种犹豫不决的习惯，使他很难得到其他人的信赖，所有认识他的人，也为他感到可惜。

有一个女人，她要买一样东西，于是把全城所有出售那样东西的商场都跑了一遍。当她走进一个商店，便从这个柜台，跑到那个柜台，从这一部分，跑到那一部分。当她从柜台上拿起了货物时，会从各方面仔细打量，看了再看，心中还不知道喜欢的究竟是什么。她看了又看，还会觉得这个颜色有些不同，那个式样有些差异，也不知道究竟要买哪一种是好。她还会问各种问题，有时问了又问，弄得店员们十分厌烦，结果，她竟一样东西也没买。

对于一个品格完善的人来说，这种优豫寡断实在是一个致命的打击。凡有此种弱点的人，不会是有毅力的人。这种

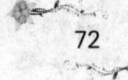

性格上的弱点，可以败坏一个人的自信心，也可以破坏他的判断力，并大大有害于他的全部精神能力。

一个人的才能与果断决策的力量有着密切的关系。人的一生，如果没有果断决策的能力，那么你会就像深海中的一叶孤舟，永远漂流在狂风暴雨的汪洋大海里，无法到达成功的彼岸。

对很多人来说，犹豫不决的痼疾已经病入膏肓，这些人无论做什么事，总是留着一条退路，决无破釜沉舟的勇气。他们不知道如果把自己的全部心思贯注于目标是可以生出一种坚强的自信的，这种自信能够破除犹豫不决的恶习，把因循守旧、苟且偷生等有碍成功的意念全部清除掉。

无论当前问题有多么严重，你都应该把问题的各方面顾及到，加以慎重地权衡考虑，但你千万不要陷于优柔寡断的泥潭中。你倘若有慢慢考虑或重新考虑的念头，你准会失败。如果你有这样的倾向，你应该尽快将其抛弃，你要训练自己学会敏捷果断地作出决定。即使你的决策有一千次的错误，也不要养成优柔寡断的习惯，因为这样比失误更难以获得成功。

优柔寡断的人在进行决策时，总是逢人就要商量，即便

再三考虑也难以决断,这样终致一无所成。如果你养成了决策以后持之以恒、不再更改的习惯,那么在作决策时,就会运用你自己最佳的判断力,很容易取得成功。

收敛放纵的心

在这个物欲横流的社会,人如果太放纵自己,很容易就会迷失。因此,不要轻易放纵自己,更不要轻易丢弃你的责任心,要学会收敛。

在工作之余,每个人都会有一些娱乐活动,这些活动的内容因人而异。有人选择看电视或看电影,有人选择健身锻炼,有人会和几个好友小聚一番,还有人喜欢打牌,等等。

比如,在一个单位里,大家休息时总要挤出一些时间来打扑克。有一个来凑热闹的新手,刚开始只是觉得好玩,后来赢了几把钱之后,却越陷越深,一心只想把打扑克当成

第二章 突破平庸

发财的手段。由于他打牌的技术很一般，通常只能赔本，而且由于过分在乎输赢，他的精神涣散，常常影响到正常的工作和生活。别人说他玩得太过火了，他却不以为然，最后把自己的东西拿来抵押，输得一文不剩。家里知道后，十分生气。后来，新牌手的上司知道了这件事情。他把这位新牌手狠狠地批评了一顿，并且下令单位中禁止赌钱。

娱乐无可厚非，但是因为过于沉迷娱乐而损害家庭和工作，就从"放松"演变为"放纵"了，应该及时改正。要知道，放松不是放纵，它们是有区别的，至少程度不同。

玩一个小时的扑克牌是放松，而玩一个晚上的扑克牌则是一种放纵。因为这样的放纵会带来一些不容忽视的后果：伤害自己的身体。睡眠少了，质量就不好，就会影响第二天的正常工作或生活，还让家里人跟着担忧。

一个真正有责任感的人，是不会轻易放纵自己的。他要保证以饱满的精神对自己的身体负责，对工作负责，对妻子的安全和儿女的成长负责。

一名真正对家庭、对工作负责任的人，却可以把强制的约束转化为自发的约束。出于对家庭和工作理所当然的责任感，他们能够十分巧妙地安排这些活动，避免深陷其中。

富兰克林给自己制订了大胆而艰巨的计划，其中两条是"一、节制：食不过饱，饮不过量；二，该做的事情就必须去做，既然做了就一定要做好。"总统布什如果白天外出，他一般选择黎明时分，这样，他就可以尽早地回来，与爱妻劳拉共亨晚餐。

放纵是一种不负责任的表现。因为在放纵的时候，你只想到自己及时的满足，而很少顾及到放纵的后果。你也许会反驳：放纵是交际的一种需要，生活中也难免有放纵的场合。比如：和朋友们出去聚会，谁能保证没有喝多的时候。找这些理由不过是为了说明放纵不是自己的本意，而是别人所致。我们暂且不论放纵是本意还是他意，就说最后的结果是不是一个？如果结果相同，这样说的理由又有什么生命意义呢？

如果你是一个放纵的人，迟早都会让人知道你是一个不懂得节制，没有坚定的意志力的人，只能随波逐流。很多妻子意识到了这一点，她们规定丈夫外出娱乐的时候要在10点钟之前赶回。这样的夫妻契约可以以一种强制的力量勒住家人即将放纵的心，但是往往也容易伤害家人的感情。

所以，我们尽量不要养成放纵的习惯，哪怕是在工作之外，或貌似无关紧要的场合中。因为多次的放纵会动摇内心

第二章　突破平庸

的责任信念。一旦信念动摇，就意味着失去了原先的原则约束。一旦放纵成为习以为常的事情，人的行为方式从此将发生改变。

人们大概注意到结婚多年的夫妇行为逐渐变得一样，甚至连外貌也相似，而心态的同化是最明显不过的。跟消极心态者相处得久了，你就会受他的影响。接触消极心态者就像接触到原子辐射，如果辐射剂量小、时间短，你还能活，但持续辐射就会要命了。

不要轻易放纵自己，不要轻易丢弃你的责任心。责任心就像成熟的蒲公英一样，一旦吹开了，你就再也不可能把他们恢复成原来的样子。

积极的态度也会改进对自己的认识和评价。慢慢地，你会愈来愈喜欢自己，并且逐渐清楚自己的目标，学会安排眼前的生活。一旦进入这样的境界，便能获得无限的平静与成就感。

跨过这些阶段后，所处的环境和人际关系将呈现另一番风貌——这是因为关注这些事的心态已经不同。从此之后，无论是对自己和其他人的交往上，由于不再怀抱特定的想法，也不再期待他人的回报，彼此间的互动关系将更为自然。

为了要计划你的人生，一定要先了解你本身的条件，而且要以它为基础，常常作适度的改善。

盘点一下你自己：

第一，不管任何工作，自己是不是能做得很好？或是马马虎虎地混过？你的工作性质怎么样呢？

第二，何种工作使你获致最大的成功？这种成功对于你的能力及做事的技巧究竟有什么帮助呢？

第三，你在工作上什么地方失败过？去年工作的三大失败是什么？为什么遭受如此大的失败呢？为了要避免失败，你究竟采取了什么措施？

第四，目前所遭遇的困难是哪些事情？其中最大的困难是什么？

冷静地思考上面几个问题之后，我们就会对自己的长处和短处有一个基本的了解，而且这种问答不只做一次，必须要定期地而且长期地去做，至少也要做个两、三次才行。这样，我们也可以了解自己究竟有没有进步或是停滞。

冷静地分析自己，认识自己，让自己漂浮泛纵的心回归，做好自己应该做的事情，为了心中的目标，奋勇前行。

第二章　突破平庸

给自己一片希望的树叶

人要学会自己给自己一片希望的树叶。

其实我们都知道，真正有生命力的不是那片树叶，而是人的信念。人生可以没有钱，也可以没有家，甚至可以没有很多东西，但是人不能没有希望。希望是人类生活的一项重要的价值。有希望之处，生命就生生不息！

很多人都有一种比较偏颇的想法，那就是，与其把时间花在对未来的策划上，不如脚踏实地地苦干。当然，我们不反对实干，它确实很重要，但如果在实干中加入合理的策划，那么更可取得事半功倍的效果。以一艘轮船作比喻，如

果实干是轮船的马达,那么策划就是轮船的路线和方向盘,照着策划前进,才可能达到我们的目标,否则,人就会迷失在人生的海洋中。

在这个世界上,有许多杰出人士,他们的成功都是因为自己有明确的目标,订出了达到目标的具体计划,然后他们花费巨大的心血努力照着计划奋斗,于是取得了令常人羡慕不已的成就。

比如,赫赫有名的安德鲁·卡内基就是其中之一,下面我们一起看看他的故事。

安德鲁·卡内基以前只是一家钢铁厂的工人,但他订下了制造及销售最优良的钢铁的明确目标。凭着他的雄心壮志,他制定了完整的计划,并一步步发展下去。最终,卡内基成了钢铁巨头,实现了自己的目标。

所以,只要有机会,就要抓住,给自己一片希望的叶子,你将会迎来一个美好的春天。

第三章

做命运的主人

第三章　做命运的主人

自我肯定

在我们的身上，会长久地根植一种极度脆弱的性格，而且它会不断地在我们的想法和行为上表现出来。一旦你的脑海里有了失败的意识，你的外在表现就会跟你的想法保持一致，而且越来越严重，你自己也随之变得越来越脆弱，甚至到最后会不堪一击。

"自助者，天恒助之。"所以无论在任何情况下，你都要相信：无论何时，无论何地，你都是你自己最大的救星。你还要相信成功和奇迹是在自我肯定之后发生的。

台湾真善美生命潜能研究中心创办人许宜铭说："我今

天在这个演讲的时候,每个人都看到不同的我,有人看到我蛮有艺术气息的,有人看到我头发这么长、不男不女。而且我不会受你们看我的眼光影响,因为我知道那是你在看我,是你在创造我,不是我,跟我一点关系都没有。你们怎么看我,怎么会转到我身上来呢?你们敬重我、喜欢我,我会很开心。但是我知道那不是我,我不会因为你们的欣赏和赞美就会变得更好,因为我很清楚地知道我就是这个样子。"

他还说:"你们贬损我、攻击我,我会难过,但是我也不会受影响,因为我知道那个也不是我,是你们创造出来的我,跟我一点关系都没有,有时我还未必觉得难过。"

从某种意义上来讲,我们并不是为自己而活,我们有我们的责任和义务,我们不能自私地只考虑自己的感受,但是换个角度来看,我们又不能只为别人而活,别人眼中的我们是什么样,其实根本不重要,重要的是我们如何看自己,我们是否敢于肯定自己。如果我们想要更好地履行自己的责任和义务,我们就必须保持住自己的本色,成为自己想成为的人,让别人也觉得我们是成功的,我们对自己够好。

伏龙芝说:"坚信自己和自己的力量,这是件大好事,尤其是建立在牢固的知识和经验基础上的自信,但如果没有这一

第三章 做命运的主人

点,它就有变为高傲自大和无根据地过分自恃的危险。"

这种情况会持续且愈变愈糟,除非你脆弱的性格能消除。以销售员为例,当他处于长期的业务低潮后,若是能创下一笔惊人的销售业绩,则在他心中长久以来的低落情绪,将可戏剧性地一扫而空。

有个小男孩头戴球帽,手拿球棒与球,全副武装地走到自家后院。"我是世界上最伟大的打击手。"他满怀自信地说完后,便将球往空中一扔,然后用力挥棒,但却没打中。他毫不气馁,继续将球拾起,又往空中一扔,然后大喊一声:"我是最厉害的打击手。"他再次挥棒,可惜仍是落空。他愣了半晌,然后仔仔细细地将球棒与棒球检查了一番。之后他又试了三次,这次他仍告诉自己:"我是最杰出的打击手。"然而,他这一次的尝试还是挥棒落空。

"哇!"他突然跳了起来,"我真是一流的投手。"

一个小孩聚精会神地在画画,老师看了在旁问道:"这幅画真有意思,告诉我你在画什么?"

"我在画上帝。"

"但没人知道上帝长什么样子。"

"等我画完，他们就知道了。"

把你的理想或决定向别人宣示，无异于订下不能反悔的契约，这不失为自我肯定的好办法。这种做法能把自己推向目标，努力迈进，产生一种鞭策的效果。

自我肯定能诱发光明积极、活泼开朗的性格，遂能渐渐奠定信心的基石，有了自信为基础，就等于向成为英雄豪杰的目标迈进了一大步，因此而成功立业的典型真是细数不尽。

米契科夫是俄国伟大的医学家。他总是充满自信，从小就养成积极自我肯定的性格，尤其是青年时代，常常对自己或别人宣誓："我的才能出众，对事物热衷的程度无人能比，并能专心一致，我成为著名学者，是指日可待的事。"

其实，人无论是伟大还是平凡都可以在自我肯定方面做得很好，取得成功。当然，自我肯定的方式方法有也有很多，那些伟大的成功人士，可以用自己的成就、对这个社会的贡献等等来证明自己，那么平凡人呢？

比如，在日常生活中，就有很多自我肯定的途径，以"戒烟"为例，自己先痛下决心，再四处向亲友宣布此项决定，结果就有人因此而戒除烟瘾，这种自我肯定的方法，与

第三章 做命运的主人

米契克夫的自我肯定具有异曲同工之妙，尽管其内容、范围有大小之别。

如果自我肯定过于勉强，往往会带来相反的效果，但反复地自我肯定，仍是有助于消除反效果，所以勉励自己、勇于作为，仍不失为好现象。

贝多芬，被人们称为天才，他为世人留下了九大交响曲以及很多不朽名曲。但是，我们要知道这些伟大的经典作品都是在他得了堪称音乐家致命伤的耳聋之后完成的。他却能突破这个障碍，向音乐奉献了一生才华。这种精神，令无数人动容。

贝多芬说："勇气就是不管身体怎样衰弱，也想用精神来克服一切的力量。"

因为贝多芬敢于自我肯定，他相信自己即使在耳聋的情况下也能弹奏出世间最震撼人心的乐曲，他做到了。由此我们可以看出，肯定自己是一种属于互相交往、自我肯定、毫不畏惧地迈向人生的心态。在你的人生中应当是如此，在每一天的生活中，也应当是如此。

你不能逃避人生，不能放弃人生，你要肯定人生。你不能逃避你的自我心像，不能弃绝你的自我心像；你要肯定你

的自我心像，要知道没有自我心像，就没有生命。

　　你必须深信今天和明天。人生天天在变。你必须把每一天都用在有价值的目标上，同时避免消极的情绪，并积极地发动你的内在的成功机会。这是每天创造生活的一个重要因素。你必须天天有渴望，从而激发出你的潜能，这不仅是为了自己，也是为了别人——你的朋友、你的邻里、你的亲人。与此同时，你也不可以让你的胜利蒙蔽你身为人类大家庭之一分子的角色。你必须肯定你的人类兄弟。你必须设身处地为别人着想。这样，你就能为自己奠定起自信的基石，创造更加美好的生活。

消除失落感

失落感常常是困扰许多人的主要烦恼之一。

美国一位律师芭芭拉这样叙述了自己的感受:"近来,我被一种莫名其妙的情绪笼罩着,我徒劳地想摆脱出来,可悲的是我连这种情绪是怎么回事都未弄清楚……世上万物仿佛一只大网直扣下来,渺小的自我只有在大网之下做着莫名其妙的挣扎和寻找。大学毕业后,我就在现在的单位就职,周围的人因这职位和环境而羡慕我的机遇,我的幸运,我的一帆风顺。但是生活并非如人们想像的那么轻松愉快。在春风得意的背后,深深的精神危机围绕着我,无论繁忙还是悠闲,内

心深处总被一种难以遏制的渴望灼痛着,使我无法安宁。"

面对芭芭拉的这种情况,人们会问:"你究竟有何不适?你还想得到什么?"

她无言以对,然而那种感觉却日复一日年复一年地滋长着……这就是失落的现实表现!失落,就是被社会遗忘的空虚和茫然,是一种身属其位,却又不知自己生活在哪一个坐标,心中只有无限的怅惘。

一般来说,一个人产生失落的原因主要以下两点:

1. 不适应角色的转变

一个人在失去原来已习惯担任的角色时,很容易产生失落感。比如,一个青年学生在学校生活久了,大学毕业之后必须参加工作。但离开久已默契和合拍的"象牙塔式"的生活之后,便很难在尘世的喧哗中找到自己的角色位置,虽然勉强地找到了工作,但未必是适合自己心意。

2. 理想与现实相差太远

现在,有一些年轻人总以为自己眼前的工作不适合自己,对文秘感兴趣,以为自己可做个部门经理,而实际上他又没什么专长,这样高不成低不就的状态,只能让他由一个

第三章　做命运的主人

公司跳到另一个公司。其实这就是"心比天高，命比纸薄"的结果。

由此看出，个人在生活中找不到适合自己的位置时，便会有一种被生活遗忘的感觉，以为自己是个"多余的人"。失业青年的失落感大多是由此引起的。正如人们常说的那样——期望越高，失望越大。

假想一下，当你对生活抱着那种美梦般的幻想时，在想像的世界里，你是个至高无上的国王或王子，你希望拥有一份舒适的工作，最好是某大公司的总裁之职，你希望有一个幸福的家庭，儿子可爱、女儿美丽，且都聪颖过人……总之，你希望拥有一切美好。

可实际情况又怎样呢？

我们必须要活在现实生活中，如果我们过高地、超出自己实际能力的希望，如美丽的肥皂泡一样轻易地破碎了，于是失落因此而生成。而那些太多且不合理的希望，是一种没有正确、理智地估计自己的原因，失落也是在所难免的。

那么，如何才能避免失落呢？以下两种方法可以让你所有收获。

1.积极扮演角色

失落者是一种角色的错位。

也许你现在担任的角色并不是最适合的,不是一个理想的角色。但不管怎样,对目前的角色都要积极地扮演。

积极扮演角色使自己感到充实。因为任何一个角色都是组织中一个不可缺少的环节,积极扮演就会体现出它的主要作用,个人的价值也会因此而实现。

而且,只有积极扮演角色,才可能发现自己的才能,才能找到更适合自己的位置。

2.：奋斗使人产生充实感

失落感是因为个人在社会生活中失去了位置,个人的价值找不到实现的方式。要想改变它,不妨证明自己对社会是有用的。

奋斗着的人们,遇到什么样的挫折和失败都不会感到空虚。因为进攻是最好的防守,也是最佳的突破方式。奋斗能让你显示自己的能量,它将是你突破失落的最佳方式。

如果说没有友爱,人生无趣的话,那么没有寂寞,人生同样乏味。试想,若把你抛进喧嚣的人海,整天整日里都得面对着人群,点头、微笑、说话、应酬……得不到喘息,到

第三章　做命运的主人

后来，不心烦意乱、发怒咆哮以至神经错乱才是怪事。没有寂寞的世界，该是个多么喧闹、拥护的世界，那岂不是人类的灾难吗？

既然人类存在一天，寂寞就会存在一天；既然精神的解放是人类通向自由王国的必由之路，那么，与其一味地哀叹寂寞，还不如勇敢地直面寂寞。人类就是在寂寞与充实的轮回中前进的。只要不被寂寞扼制，以致消极、隐退、无为，进入恶性循环，那么，寂寞也可成为动力。治疗寂寞的最佳药方是"投入"，而非隔绝；是进取，而非逃遁。

自我意识决定命运

自我暗示就是自己对自己的暗示。它是一个人用语言或其他方式，对自己的知觉、思维、想象、情感、意志等方面的心理状态，产生某种刺激影响的过程。换言之，就是所有为自我提供的刺激，一旦进入了人的内心世界，都可称为自我暗示。

自我暗示是思想意识与外部行动两者之间沟通的媒介。它还是一种启示，提醒和指令，它会告诉你注意什么、追求什么、致力于什么和怎样行动，因而它能支配影响你的行为。这是每个人都拥有的一个看不见的法宝。

第三章 做命运的主人

一个人的命运是由自我意识决定的,而自我意识又是潜意思的一部分。也就是说,因为积极的心理暗示要经常进行,长期坚持,这就意味着积极的自我暗示能自动进入潜意识,影响意识,只有潜意识改变了,人的行为才会改变,才会成为习惯。

暗示是一种奇妙的心理现象,暗示又可分为他暗示与自我暗示两种形式。他暗示从某种意义上说可以称之为预言,虽然它对致富也有一定的作用,但却不及自我暗示的力量大,所以在这里就不详细讲解"他暗示",而主要阐述"自我暗示"。

自有人类以来,不知有多少思想家、传教士和教育家都已经一再强调信心与意志的重要性。但他们都没有明确指出:信心与意志是一种心理状态,是一种可以用自我暗示诱导和修炼出来的积极的心理状态。成功始于觉醒,心态决定命运。

积极心态来源于心理上进行积极的自我暗示,反之,消极心态就是经常在心理上进行消极的自我暗示。不同的意识与心态会有不同的心理暗示,而心理暗示的不同也是形成不同的意识与心态的根源。所以说心态决定命运,正是以心理

暗示决定行为这个事实为依据的。

例如，星期天，你本来想约个朋友出去玩玩，可是早晨起床之后发现下雨了。这时候，你怎么想？你也许想：糟糕！下雨天，哪儿也去不成了，闷在家里真没劲……如果你想：下雨了，也好，今天在家里好好读读书，听听音乐……这两种不同的心理暗示，就会给你带来两种不同的情绪和行为。

对于多数人而言，生活并不是一成不变的，虽然不是一无所有，一切糟糕，但也不是什么都好，事事如意。这种一般的境遇相当于"半杯咖啡"。你面对这半杯咖啡，心里会怎么想呢？消极的自我暗示是为了少了半杯而不高兴，情绪消沉；而积极的自我暗示是庆幸自己获得了半杯咖啡，那就好好享用，因而精神振作，行动积极。

所以，每个人都有一个看不见的法宝。这个法宝具有两种不同的作用，这两种不同的力量都很神气。它会让你鼓起信心和勇气，抓住机遇，采取行动，去获得财富、成就、健康和幸福，也会让你排斥和失去这些极为宝贵的东西。心理上的自我暗示固然是个法宝，但这个法宝的巨大魔力，还需要通过长期运用，形成一种意识才会充分地显示出来。

具有自信主动意识的人，会长期进行积极的自我暗示，

第三章 做命运的主人

而具有自卑被动意识的人，却总是使用消极的自我暗示。经常进行积极暗示的人，把每一个困难和问题看成是机会和希望；经常进行消极暗示的人，却将每一个希望和机会看成是问题和困难。

美国社会学学者华特·雷克博士做了这样一个研究：

他从两所小学的六年级学生中，找出两组截然不同的学生作为研究对象。一组表现不好，难以救药的；另一组是表现优良，知道能够上进的。

研究发现，那些品行不良的孩子，在他们遇到某种困难时，往往会预期自己一定会有麻烦，觉得自己比别人低下，认定自己的家庭糟糕透顶等。而那些素质优良的孩子，则相信自己在学习上一定会出好成绩，不会遇到什么麻烦。五年过去了，追踪调查也有了结果，正如原先所预期的那样：品行优良的好孩子都能继续上进，而品行不良的孩子则经常会出问题，其中还有人有过犯罪的纪录。

以上的事实说明自我意识、自我评价本身确实能够左右一个人的发展。一个人如果有了不良的自我意识，就会有不良的行为表现，也就很容易被人们看成是"没出息""没有

上进心",甚至"有犯罪意图",而这样的人上进心不强,自然很难取得成就。

一个人经常怎样对自己进行心理暗示,他就会真的变成那样。比如,一个想要戒酒的人如果经常告诉自己"我无法法戒酒",那么他就永远都戒不了酒。凡事认为"我不行""我注定会失败"的人,他就不会成功。相反,只有自我意识是"我可以""能够做到""一定能成功"的人,才有可能有所作为,达到自己的目标。所以,我们要调整好自己的心理情绪,充分利用积极的心理暗示。

总之,如果你想要成功,就要每天不停地在心中念诵自励的暗示宣言,并牢记成功心法:你要有强烈的成功欲望、无坚不摧的自信心。如果你能将这个成功心法与你的精神与行动保持一致,那么就会有一种神奇的力量来帮助你打开成功之门。

第三章 做命运的主人

坚持与自己抗争

爱默生说:"一个人就是他整天所想的那些。"你想什么,你就是怎样的一个人,因为每个人的特性都是由思想造成的。每个人的命运完全决定于他的心理状态。所以,我们能够发现,当情绪低落时,情商高的人善于给自己一些积极暗示,与自己的内心进行抗争,帮助自己走出困境。

命运其实并没与那么可怕。对于对弱者来说,命运永远掌握在别人的手里。但是对强者来说,命运则掌握在自己手中。也就是说,命运遇弱则弱,遇强则强,如果你足够强大,你可以改写自己的命运,掌控自己的命运,开创一个成

功的人生。

关于命运,诗人亨雷写道:"我是我的命运的主宰;我是我的灵魂的船长。"这是一句富有哲学意味的话,这句话告诉我们:我们是我们命运的主人,因为我们有能力控制我们的思想。

命运总是时时刻刻都与你一同存在。所以,你不要敬畏它的神秘,虽然有时它深不可测;不要畏惧它的无常,虽然有时它来去无踪,但是请不要因为命运的怪诞而俯首听命,听任它的摆布。你要知道,等你年老的时候,蓦然回首往事就会发觉,命运有一半在你手中,只有另一半才在上帝的手中。你的努力越超常,你手里掌握的那一半命运就越强大,你收获得就会越多。

在你彻底绝望的时候,别忘了有一半的命运都掌握在自己的手里。在你得意忘形的时候,别忘了上帝的手里还握着另一半。在你的一生中,你最应该做的努力就是——用你自己手中的一半,去获取上帝手中的另一半。我们总说与命运抗争,其实就是与自己抗争。

的确,如果我们心里都是快乐的念头,我们就能快乐;如果我们想的都是悲伤的事情,我们就会悲伤;如果我们想

第三章 做命运的主人

到一些可怕的情况，我们就会害怕；如果我们有不好的念头，我们恐怕就不会安心了；如果我们想的全是失败，我们就会失败；如果我们沉浸在自怜里，大家都会躲着我们。

爱迪生是众人皆知的发明家，但是他的"学历"却是小学，老师因为总被他古怪的问题问得张口结舌，竟然当他母亲的面说他是个傻瓜、将来不会有什么出息。母亲一气之下让他退学，由她亲自教育。在母亲的耐心教导下，爱迪生的天资得以充分地展露。从那时候开始，他阅读了大量的书籍，走上科学发明之路。

在这个世上，相信没有什么会比一个刚刚求学的孩子遭到老师否认更让人难以忍受的事情了。爱迪生的妈妈更加不能容忍，她不相信自己的儿子是个傻瓜，因为她深信每一个人身上的潜能都是巨大的，只是老师没有发现。最终，在妈妈的指导和爱迪生自己的努力下，这个曾经被认为是傻瓜的孩子发明出了世界上第一枚灯泡，为人类带来了无尽的光明。

一个人行走在自己的生命之路上时，可能会面临一次又一次的苦难，也可能会陷入一系列的困难中，刚开始他可能会使尽全力和这样那样的麻烦抗争。不久，当困难一直挥之不去的时候，他可能形成这样一种生活态度：人生是艰难

的，生活所发的牌总是跟他过不去……那么，做这样那样的事情有什么用呢？

他灰心丧气，认准无论自己怎么做都"不会有什么好事"。这样，他想在生活中取得成功的梦想破灭之后，便将注意力转移到子女身上，希望他们的人生会是另外一种样子。有时，这会成为一种解决问题的方式，然而孩子们又会陷入和父辈们相同的生活方式中。

终于经过一次又一次之后，他得出结论：只有一个办法能解决问题，那就是用自己的双手结束自己的生命——自杀。

其实，自始至终，他都没有能够发现那种可能改变自己人生的巨大潜能。他没有能够分辨出这种潜能……甚至并不知道这种潜能的存在……他看见成千上万的人在以和他相同的方式与命运抗争，然后他认为那就是生活。

在我们的周围，类似的事情还有很多，很多人每天都在抱怨他们命运不济，他们厌倦生活，以及周围这个世界运转的方式，但却没意识到在他们身上有一种潜能，这种潜能会使他们获得新生。这种潜能一旦运用得当，将带给你信心而非怯懦，平静而非动摇，泰然自若而非无所适从，心灵的平

第三章　做命运的主人

静而非痛苦。请记住：每一个人都拥有一种伟大而令人惊叹的力量。

因为很多人不知道这一点，所以，有多少次我们已经触摸了巨大的潜能却没有认出它？有多少次巨大的潜能就握在我们手中而我们却把它扔掉了，仅仅因为我们没有认出它？有多少次我们目睹巨大的潜能在面前得到展现？然而，我们却没有看到它，没看到它可能带给我们的种种益处，没看到它无所不能、创造奇迹的影响。

我们活着的目的，就是为了过上好的生活，我们一直都在寻找那种改变我们生活的能力，但是大多数人一生都没有找到。其实不是我们没有找到，而是，它就在我们面前，我们没有发现它。战胜自己，去认识并利用它，实现自己的目标。

积极努力地去想象

梭罗说过:"思想是个雕刻家,它可以把你塑造成你要做的人。"

思想作用于人最基本的原则就是:你想得越多的事,对你的吸引力越大。你越想忘记的事情,就越是无法忘记。

毕淑敏说过:"初恋会被带进坟墓里。"

人要想做到忘记一件事情,真的是一件比登天还难的事情。

一名妇女说:"我年轻时发誓,决不嫁姓史密斯的男人,决不嫁比我年轻的男人,也决不从事洗盘子的工作。但现在,这三件事我都做过了。"

第三章 做命运的主人

你是否也常说类似的话,或者也经常听说类似的事呢?你是否也曾陷入完全违背你心意的处境?做了你原本不愿做的事情呢?

其实,只要你一直怀着积极的心态去想象,你就会达到自己要想要的目标。

美国联合保险公司有一位叫艾伦的推销员,他很想当公司的明星推销员。因此,他不断从励志书籍和杂志中学习,以求培养积极的心态,主动做好每一项工作。

有一次,他陷入了困境,这是对他平时进行积极心态训练的一次考验。

那是一个寒冷的冬天,艾伦在威斯康星州一个城市里的某个街区推销保险,但却一直都没有成功。他自己觉得很不满意,但当时他这种不满是积极心态下的不满,因为他想到了过去读过的一些保持积极心境的法则。

第二天,他在出发之前对同事讲述了自己昨天的失败,并且对他们说:"你们等着瞧吧,今天我会再次拜访那些顾客,我会售出比你们售出总和还多的保险单。"

在这个信念的支撑下,艾伦又回到那个街区,访问了前

一天同他谈过话的那些人，最终他售出了66张事故保险单。这确实是了不起的成绩。因为在这之后，他曾在风雪交加的天气里挨家挨户走了八个多小时却一无所获。但艾伦没有放弃，他反而能够把这种对大多数人来说都会感到沮丧的困难，变成第二天激励自己的动力，最终得偿所愿。

抱着一种积极心态，不断去想象自己可以成功，是获得成功的必不可少的一个因素，大凡有所成就的人，都运用了这种力量。人人都希望成功会不期而至，但绝大多数人并没有这样的运气和条件。就是有了这些条件或运气，我们也可能感觉不出来。因为往往越是很明显的东西越容易被人忽略，每个人都有自己的长处，最容易被发现，又最容易发挥出来的就是这个长处——积极心态。

克莱门·斯通说："人的心态是随着环境的变化，自然地形成积极和消极两种的。思想与任何一种心态的结合，都会形成一种"磁性"力量，这种力量能吸引其他类似的或相关的思想。"

这种由心态"磁化"的思想，好比一颗种子，当它培植在肥沃的土壤里时，会发芽、成长，并且不断繁殖，直到原先那颗小小的种子变成了数不尽的同样的种子。

第三章 做命运的主人

这就是心态之所以产生重大作用的原因。积极的心态，能够激发起我们自身的所有聪明才智；而消极的心态，就像蛛网缠住昆虫的翅膀、脚踝一样，束缚我们才华的光辉。

如果有人对你说："别去想一头身上有紫色斑点、大耳朵、戴太阳镜的粉红色大象。"你一定会满脑子想着这么一头怪象。

你可曾告诉自己"我一定要忘掉这件事"，然后果然就忘掉了？你的心思一直努力做到遗忘，但它实际做到的却是记住那件事，比和你说"我要记住那件事"的效果还好。

在大型比赛中夺魁的网球好手，一定总是想着：我要得到这2分，这球是我的！没接到球的人，心中的想法则是：我可别漏接了这个球。

同样，总说"我不想生病"的人，会面临一场格外艰苦的奋斗，老想着"我不要过寂寞的生活""我不想破产""希望这次事情不至于搞砸"的人，往往就会落入他们一心想避免的困境。

世界上有两种人——肯定的人和否定的人。当你跟成功的人在一起，跟持肯定的人生观的人在一起，他们会增强你对生活的肯定态度。对自己的肯定可以让你获得足够的勇气

去挑战困难，挑战命运。

　　思想是如此奇特，情商高的人能够恰当地运用它，使自己的人生达到理想的境界。

第三章 做命运的主人

做自己命运的主人

人定胜天。这是无数成功人士验证的真理。诗人亨雷写道："我是我命运的主宰；我是灵魂的船长。"没错，我们是我们自己命运的主人，因为我们有能力控制自己的思想。

很多情况下，人们的命运都是由别人和外物所控制，要主宰自己，就需要莫大的勇气。特别是对于一个失败者，当他陷入挫折的情绪中，要及时调整自己，战胜自己，树立起主宰自己的信心，更不是一件容易的事。

人若失去自己，则是天下最大的不幸；而失去自主，则是人生最大的陷阱。赤橙黄绿青蓝紫，你应该有自己的一方

天地和特有的色彩。相信自己，创造自己，永远比证明自己重要得多。你无疑要在骚动的、多变的世界面前，打出"自己的牌"，勇敢地亮出你自己。你该像星星、闪电，像出巢的飞鸟，果断地、毫不顾忌地向世人宣告并展示你的能力、你的风采、你的气度、你的才智。

你永远是自己的主人，不管是你懦弱地生存时还是勇敢地生活时。但是你懦弱的时候，你只是一个愚蠢的主人，错误地管理着自己的"家产"。只有当你勇敢地为自己的生命负责并为之奋斗不息时，你才称得上一名聪明的主人了。做自己的主人，就要做一个聪明的主人，并敢于在生活中付诸行动。

看看下面这个故事，也许会让你如梦初醒：

查理的工厂宣告破产了，他所有的财产加起来资不抵债，他成了一个名副其实的穷光蛋。

查理无法面对残酷的现实，心力交瘁，沮丧透了，几乎想到了自杀。

他流着泪去见牧师，希望能够得以指点，让他东山再起！

牧师说，我对你的遭遇很同情，我也希望能对你有所帮

第三章 做命运的主人

助,但事实上,我却没有能力帮助你。

查理唯一的希望破灭了,他喃喃自语道:"难道我真的无出路了吗?"

牧师说:"虽然我没办法帮助你,但我可以介绍你去见一个人,他可以协助你东山再起。"

牧师带着查理来到一面大镜子前,手指着镜子里的查理说:"我介绍的这个人就是他,在这个世界上,只有他才能够使你东山再起,只有他才能主宰你的命运。"

查理怔怔地望着镜子里的自己,用手摸着长满胡须的脸孔,望着自己颓废的神色和迷离无助的双眸,他不由自主地抽噎起来。

第二天,查理又来见牧师,他从头到脚几乎是换了一个人,步伐轻快有力,双目坚定有神。查理说:"我终于知道我应该怎么做了,是你让我重新认识了自己,把真正的我指点给我了,我已经找了一份不错的工作,我坚信,这是我成功的起点。"

几年后,查理东山再起,事业如日中天。

主宰自己不是口号式的宣言，而是情商正面强化的结果，是在奋进过程中的心理能动力量，是积极的心理自我暗示产生出来的结果。

人的一生中，会遇到这样那样的不幸、苦难和困惑，但只要我们在绝境中不屈服，敢于驾御自己的命运，挖掘自身的潜能，并不忘记亨受生活的美丽，学会坦然，学会乐观，自己设计自己的人生路，不做生活的奴隶，做一个快乐而成功的自己。

人生就就像打扑克牌，别管命运给我们发了什么样的牌，也不管命运给别人发了什么牌，你的牌最终是你来打，先打什么，后打什么，怎么打，都是你说了算。你不要怪牌不好，要怪就要怪自己打牌的能力不高。记住：你是你自己的主人。你的牌要由你来控制。

做自己的主人，就是创造自己生命的奇迹，是修炼自己完善的人格魅力，是怀揣一个追求成功的梦想，是做自己的救世主，是保持自我本色，是把握自己的命运，是做一个成功而真实的自己。

如果说人生如戏，请记住：你就是剧中的主角，因此，你可以在影片拍摄期间随意更改剧情。

第四章 敢于冒险

第四章　娼干寶劍

第四章 敢于冒险

冒险不是幻想,要脚踏实地

冒险,并不等于盲目、冲动,它跟做其他事情一样,都需要脚踏实地。那些心存侥幸、想发横财、幻想靠投机成功,寄希望于"意外"而非"努力"的人,都不是真正的冒险家,所以与成功背道而驰。

中国自古就有"马无夜草不肥,人无横财不富"的俗语。这是一种典型的贫穷的思维。那些既贫穷又没有赚钱途径的人,常常把致富的希望寄托在发一笔横财上。所有那些给贫穷人提供发财机会的地方,如彩票发行点、证券交易所、赌场等,都人满为患,但能发财的概率极其微小。

确实有些人很侥幸地通过这些碰运气的行为，获得了一大笔钱，暂时地成了富人，但这远远不是什么成功者。

有人曾对买彩票中大奖者前后生活状况做过调查统计，结果表明：有80%以上的中彩者生活又回到了未中彩之前的贫穷状态，并做着原来他不愿意做的营生。

在这方面，作为不妄想一夜暴富，既能当老板又能睡地板的温州商人——中国商人的成功典型，给了我们一个很好的启示。

温州商人非常能吃苦，意志非常坚韧。温州商人自己通俗的说法是，既能当老板，又能睡地板。即使是生意已经铺得比较大，温州商人仍会像初期创业一样拼命工作。

那些看起来也没什么钱赚的小生意，温州商人也不会嫌弃。几分钱的螺丝帽，几角钱的小元件，他们都会认真对待，把小生意当作事业来筹划。

一个有趣的现象是，温州商人几乎都不炒股。在几次股市热潮中，温州商人集体"缺席"，作壁上观。一向头脑灵活的温州商人竟然"放过"了暴富的机会，一时成为上海报纸的"新闻"。

温州人敢闯，但不乱闯。温州商人在积累财富的过程

第四章 敢于冒险

中,非常有耐心,不妄想一夜暴富。一旦看准某项业务,就会扎下根来,踏踏实实地做事、赚钱。但是,与温州人不同的是,有些人却为了一夜暴富,最终因为投机而跌到失败的谷底。

秦池的"标王故事"在中国已经家喻户晓。一个贫困山区的县属小厂在一夜之间"誉满神州","每天给中央电视台送去一辆桑塔纳,赚回的是一辆豪华奥迪",继而又"每天送去一辆豪华奔驰,赚回一辆加长林肯"。然而,秦池仅风光了两年,便黯然失色,难以为继了。

中国企业家应该记住吴炳新的那句话:"不该自己赚的钱就不赚。"而且,还要向国外的CEO们学另一项本领——会扩张也会退出。

近年来,世界著名大公司不断传来"退出"的信息:西门子忍痛卖掉彩电生产线;菲利浦出让生产大家电的子公司,百事可乐为集中精力打败对手,不得不放弃饭店和快餐业。去年,菲利普·莫里斯公司着手拍卖"非核心业务",并进行裁员和重新整合;通用汽车公司也将出售15家零件厂,以进一步提高竞争力。

成功的人,都不会心存侥幸,也不会贪欲太重,因为他

们知道冒险也要有分寸，不然只能一败涂地。

　　无论是企业家还是普通百姓，一个人既要敢于冒险，又要善于冒险。冒险不等于蛮干，冒险不等于否定科学。只有讲究科学，才可以提高冒险的成功率。

　　冒险不等于义气用事。

　　魏延对第一次北伐路线的建议，正是建立在对当时各种因素比较切合实际的分析上。邓艾的奇袭，也是抓住了蜀国防守上的漏洞。而刘备为了报自己兄弟的私仇，一定要出兵伐误，进行了战略上的一次大冒险，结果惨败。是感情的潮水摧毁了他理智的思维。它提醒后人，决策者要首先战胜自己，不要意气用事！逞一时匹夫之勇。真正的大英雄，应该是"猝然临之而不惊，无故加之而不怒。"

　　莎士比亚曾说过："人的感情和炭相同，烧起来，得想办法叫它冷却。"我们每个人都应该铭记这句话。

第四章　敢于冒险

冒险需要自我认定

　　冒险是一种难能可贵的精神，事业上多一点冒险精神，成功的大门将向你敞开；爱情上多一点冒险精神，爱情的花园里将盛开出灿烂的花朵……但不是一句空话，我们要消除已经养成的惰性，真正培养这种精神，就要从身边的每一处细节做起。

　　米蒂是一位精力充沛、热爱冒险的女性，当然这是她自我转变的结果。

　　米蒂小时候是个胆小鬼，不敢做任何运动，凡是可能受伤的活动她一概不碰。在参加过几次罗宾的研讨会后，她有

了一些新的运动经验，如潜水、赤足过火和高空跳伞，从而知道自己事实上可以做到一些事，只要有一些压力即可。

即使如此，这些体验还不足以使她形成有力的信念，改变先前的自我认定，顶多她自认为自己是个"有勇气高空跳伞的胆小鬼"。依她的说法，当时转变还没发生，她有所不知，事实上转变已经开始。

她说其他人都很羡慕她那些表现，告诉她："我真希望也能有你那样的胆子，敢尝试这么多的冒险活动。"

一开始，她对大家的夸奖的话的确很高兴，听多了之后她便不得不质疑起来，是不是以前错估了自己。

"最后，"米蒂说道，"我开始把痛苦跟胆小鬼的想法连在一块儿，因为我知道自己胆小，这给我设定了限制。所以，我决心让自己不再做胆小鬼。"

说来容易做来难，虽然她这么说，但是她的内心有很强烈的战争，一方面是她那些朋友对她的看法；另一方面是她对自己的认定，两方并不相符。

后来，她又迎来了一次改变自我认定的机会——高空跳

第四章　敢于冒险

伞训练。她决心要从"我可能"变成"我能够",而让想冒险的企图扩大为敢于冒险的信念。

当飞机攀升到12500英尺的高空时,多数人都极力压抑着内心的恐惧,故意装作兴致很高的样子,米蒂望着那些没什么跳伞经验的队友,然后在心里告诉自己:"他们现在的样子正是过去的我,而此刻我已不属于他们那一群,今天我可要好好表现一次。"

接下来,她很惊讶地发现自己刚刚经历了重大的转变,她不再是个胆小鬼,而是成了一个敢冒险、有能力、正要去享受人生的人。她是第一位跳出飞机的队员。

下降时,她一路兴奋地高声狂呼,似乎这辈子就从没有这么兴奋过。

米蒂的故事告诉我们,人要想跨出自我设限的第一步,就要采取新的自我设定,从而自信地想好好表现,这样才能实现自己的目标。

因为新的体验,使米蒂能一步步淡化掉旧的自我认定,从而做出决定,要去拓展更大的可能,所以,她的转变是正确的,是很有意义的。而且,新的自我认定使她成为一位真

正敢于冒险的人。

　　从知识的角度看，冒险就是勇于探索，勇于实践；从决策定计上看，冒险则是一种勇气、一种魄力。从古至今，我们会发现有很多人，因为不敢冒险，而处于被动的局面。虽然他们也取得了一定的成就，但是他们总是自我设限，限制了自己才能的发挥。比如，三国时期的诸葛亮就是其中的一位。

　　从心理特征上看，诸葛亮是属于过于谨小慎微的人物，这源于他思想上的压力，一方面，他蒙受刘备知遇和托孤之恩，执掌蜀国军政大权，年复一年惨淡经营，以冀完成统一大业。另一方面，对手是强大的魏国。大概就是这种在严峻形势下的超常报效心和责任心，使得他在自己的事业面前，战战兢兢，如临深渊，如履薄冰，但怕有失，过于小心谨慎，他的事必亲躬与此也有关系。

　　但是，诸葛亮的一生也不尽是如此。在他事业的前半生，他先是孤生入吴，继而取西川、夺汉中都表现了大智大勇，有一定的冒险精神，似乎在刘备死后，他才表现得过于小心，从事业上说，表现在历次北伐之上。即使这时，他也还是有隙必乘，有利必取，进则使敌不敢战，退则使敌不敢追，战场上的主动权总在他的掌握之中。

第四章　敢于冒险

在现代社会，有很多人也常常失落在种种局限之中。面对风险，并不是所有的人都敢于冲刺。不管客观上的原因有多少，思想上的弱点是导致保守经营的根本原因。

没错，冒险难免遭受失败，也没有谁可以断定冒险的成功率，一位成功人士曾经说过："你若失掉了勇敢，你就失掉了一切！"心存杂念，胆必怯。如果你想成功，又对事业非常执着，这样，你才能拥有一种英雄主义的冒险精神。

冒险不是蛮干

冒险，是一个人对自己的坚定信心和对机会的敏锐感觉。冒险绝非投机、轻进，更非冲动、蛮干。冒险是一种智慧，一种心态。鲁莽行事只会让事情越来越糟！

当我知道北大天鹰社五名学生登山遇难的消息时，我的第一反应是震惊，第二反应是敬佩。但偏偏有人出来横加指责，说一些"对不起国家、学校、家长的培养""不懂事"之类的话。可是在我看来，这五名学生肯定懂得这些大道理，尽管他们给人们留下的是无限的悲痛，但是他们骨子里的冒险精神却用他们自己的行动得到了证明，他们告诉全世界："我

第四章　敢于冒险

们中华民族也是一个敢于冒险、勇于攀登的伟大民族。"

如今，在欧洲很多国家和美国，滑翔伞已经是一种民间普遍开展的运动，从事这种冒险娱乐的人数大概是我们国家的百倍以上。而且，当地政府还对这种运动给予了巨大的资助与支持。

同样，我们国家也有不少人积极加入了这项运功。在北京，有一群热爱滑翔伞运动的人，这些人大多是今天社会中的有产阶层，很富有。看着他们从悬崖峭壁间飞身而下，飘入云雾迷漫的山谷，很多人都会发出疑问，这些人难道真的是在用生命作赌注去寻求某种刺激？其实不然。

他们说，当人突破自身局限的时候，所感到的精神上的愉悦，是平日常规的生活中永远不可能感受到的。在他们看来，冒险运动正是让人获取这种非常的精神享受的重要的、甚至是惟一的途径。

我们都知道，一个循规蹈矩、安于现状的人，是绝对不会轻易去冒险的。比如北大的这五名学生，他们登山，一不是为挣钱，二不是为表彰，三不是为积累学分，他们就是要在一次的冒险中完成对自身局限的挑战。

然而，就是这样一种认真的追求，在当今道德的价值标

准下看这个问题，无疑会被视为虚无飘渺乃至毫无意义的目的。其实，在敢于冒险者看来，如此巨大的冒险，绝对不是为了谋取眼前不俗的利益，而可能是为了锻造一种能够与命运抗争的心理机制。"大有所失"之处，必能"大有所得"。

然而在当下，我们这样一个亟待赢得更好命运的民族，敢于挑战自身局限的"冒险"精神不是越来越多，而是越来越少了。

我们当然不希望人人都能"玩命"。当我看到这五名学生只能用署假而不能用最适合登珠峰的时间登峰时，当我知道他们甚至没有足够的钱租用现代通讯设备时，我在想，"冒险"精神绝非一个"胆魄"所能促成。即使是敢下决心去"冒险"的人，也要有足够的理性去伴随自己的行动，人的生命只有一次，我们应该珍视它，让它发挥出最大的潜能。

小到一个人、一个集体，大到一个国家、一个民族，都应该具有一点冒险精神，因为这是创新的开始。

创新首先是一种精神，它表现为无止境的创造行为、对旧事物的不满和改造的欲望。创新并非对旧事物、旧思想的一扫而空，片甲不留。事实上，任何观点、想法都不是空穴来风，总有其渊源，与旧的东西有千丝万缕的联系。

第四章 敢于冒险

创新的首要条件之一是勇于抛弃不合时宜、过时的旧事物或即将过时的事物。在这个瞬息万变的年代，一个过分恋旧的人是最易破碎而无用的古董。凡事预则立，不预则废，要创新，想成功，很多时候甚至要能抛弃未过时的事物，致力于钻研它的替代者，以求未雨绸缪。

要创新，就要逐步建立起鼓励在研究开发上的冒险和容忍失败的文化，鼓励创新人才大胆试、大胆闯，这样才有可能出现有重大意义的甚至革命性的创新成果，实现跨越式发展。

美国创造学家奥斯本说："新的发明几乎都是通过对老发明的组合而产生的。"

牛顿说："我今天所取得的成就，并不是说明我比前人要高明许多，而只不过是站在前人的肩膀上眺望，自然能看得远一些罢了。"

我们要敢于战胜自己，要勇于抛弃旧事物，不断发展，不断前进。此外，冒险精神之所以可贵，就在于他敢于独创，从不盲从。因此，要成为一个真正的冒险家，就必须具备独立的品格。

人生需要冒险

社会的发展变幻莫测,人们在经历了各种竞争和压力,面对高高在上的房价和车价之后,已经不堪重负,现在,很多人都开始向往那种平淡、安逸的生活,少了些许冒险精神。但是,我们还是无法避免地要在这个社会上生存,如果我们少了冒险精神,就会丧失很多机会,人生就会少了很多激情与精彩。面对这个未知的世界,我们不能就此罢休!

戴尔·卡耐基说:"要冒一次险!整个生命就是一场冒险。走得最远的人,常是愿意去做,并愿意去冒险的人。"稳妥"之船,从未能从岸边走远。"

第四章 敢于冒险

莫瑞儿·西伯特也是依靠敢闯敢拼的冒险精神获得了事业的成功。多年以前，俄亥俄州一位报纸专栏作家露丝·马肯尼和她的妹妹一同到曼哈顿打天下。她写了一系列关于她们坎坷遭遇的短篇文章，稍后被改编成一出名叫《我的妹妹艾琳》的音乐剧，在剧中露丝唱道："为什么，为什么哟，为什么我要离开俄亥俄州？"

这出经典音乐喜剧一向为莫瑞儿·西伯特所喜爱，而这位女士本身就是勇于尝试、敢于冒险的最佳典范。西伯特说："我20多岁就离开了俄亥俄州，我除了一辆破烂老爷车外，就仅有牛仔裤里的500美元了。然而，那是我一生中采取过的最明智之举。"

莫瑞儿·西伯特在职业生涯中采取过不少明智举动，但最明智的，可能莫过于创立了自己的事业。那项事业就是今天位于纽约市的莫瑞儿·西伯特公司，那是全美最成功的经纪公司之一。

如果没有当初那种冒险的劲头，也许今天她就不会有这样的成就。现在的她，在纽约证券交易所拥有一个席位，事

实上，她是这个交易所里第一个拥有席位的女人。西伯特被尊称为"金融界的第一女士"。

那么，她是如何得到这一切的呢？

西伯特从俄亥俄来到了纽约，她首先在一家经纪公司做一名实习研究员，周薪只有65美元。当她成了一名产业分析员之后，她跳槽到另一家经纪公司。有一天，她接到一个她曾经写过报告的公司来电，告诉她，由于她所写的报告，他们公司赚了一笔钱，所以他们欠她一个订单。就这样，她得到了她第一个订单。

但西伯特并不以此为满足。她努力想获取一家大型经纪公司的合伙资格，却遭到对方严拒，只因为她是女人，所以就该注定被贬抑。

于是，她决定自己创业。

但是，当时的她根本没有能力拥有办公室，不过幸运的是，以前跟她做过生意的一家公司愿意为她提供他们交易所的一角，做她的办公室。

就在这个临时的办公室里，米琪·西伯特与恶劣的环境

第四章　敢于冒险

顽强地抗争着。虽然有许多人都对她的做法提出了反对的意见，但她还是跟银行借了30万美元，然后用44万美元在纽约证券交易所买了一个席位。结果在六个月后，她就搬出了那个临时的办公室，进了她自己精致的办公室。

经过不断地奋斗，莫瑞儿·西伯特公司已价值数百万美元。

莫瑞儿·西伯特说："不要害怕冒险或者做决定，任何时候如果有任何人或事想要把你击倒，你就顽强撑住！"只要对自己有信心，有"放手一搏"的决心，就不妨采取行动。

如果爱迪生没有冒险精神，就不会发明出使后代受益无穷大的电灯；如果拿破仑没有冒险精神，就没有当初横扫整个欧洲的辉煌战绩……无数的事实证明，有冒险精神的人，能做出惊天动地的伟业。

总之，太平静的单调生活，会让强者失去斗志。经常冒险，可保持你对生活的持续热情和永不衰减的情趣感，在这种习惯中，你将拥有永葆活力的生活。所以，请记住：人生需要冒险，强者都有冒险的习惯。

机遇在冒险中诞生

人们常讲要"抓住机遇",但究竟怎样才能抓住机遇呢?

你是否知道冒点风险,能抓住人生大机遇?你是否常常因为机会的溜走而扼腕叹息?你是否也常常因为别人的成功而后悔莫及?现在莫再犹豫,风险与机会并存,抓住风险,就等于抓住了机会,也就等于抓住了一半的成功。

被喻为"中国第一打工王"的中国亿万富翁川惠集团总裁刘延林说:"机遇,对每个人来说,应该是平等的,但为什么有人捕捉不到,有人捕捉得到?

关键在于你是不是积累了。

第四章　敢于冒险

美国著名成功学大师皮鲁克斯说过:"先人一步者,总能获得主动,占领有利地位。"的确,机会很重要,你对机会的反应同样重要。当机会来临时,反应敏捷的人是先人一步抓住机遇。因为机会不等人,稍纵即逝,再者机会对别人也是公平的,幸运52的口号就是"谁都有机会",那么最终谁能抓住机会呢?答案是反应敏捷就会"捷足先登"。

有很多成功的大企业家并没有学过经济学,肚子里也没什么"墨水",他们成功的关键就在于行动快:一旦发现机遇,就能把机遇牢牢"抓"在手中!《英国十大首富成功的秘诀》里分析当代英国顶尖首富的成功秘诀时指出:"如果将他们的成功归结于深思熟虑的能力和高瞻远瞩的思想,那就失之片面了。他们真正的才能在于他们审时度势后付诸行动的速度。这才是他们最了不起的,这才是使他们出类拔萃,位居实业界最高、最难职位的原因。'现在就干,马上行动'是他们的口头禅。"

机会是一种稍纵即逝的东西,而且机会的产生也并非易事,因此不可能每个人什么时候都有机会可抓。在机会还没有来临时,最好的办法就是行:等待,等待,再等待,在等待中为机会的到来做好准备。

机遇一旦出现,"缝隙"一旦露出,就万万不能延迟,不能观望,不能犹豫,必须当机立断,否则就会失之交臂。常言道:"机不可失,失不再来。"就是这个道理。

还有一点就是我们要认识到,运用"见缝插针"之计的关键在于"缝",也就是机遇。然而机遇并不是单纯的幸运,它往往潜藏于平凡的现象背后,被表面现象所掩盖,具有隐藏性。所以,一般人难以觉察到机遇的存在。只有精明的人才能透过现象,看到本质,抓住被人们忽略了的潜在机遇,在人们忽视的"缝隙"中穿插自如。

所以"见缝插针"作为经商谋利的一条妙计,它的运用,与机遇的探求、获得和采取行动是分不开的。

1. 要善于发现和识别机遇

任何机遇都来自环境的变化,隐藏于现象的背后,并具有偶然性、瞬时的色彩。要想发现它、认识它,就需要经营者具有灵活的头脑和敏锐的观察力。所以,经营者要时时注意到自己周围和社会环境的变化,细心观察市场动向,认真思考政治动荡带给经济的巨大影响,其目的就是寻找机遇,找到"缝"之所在。

第四章　敢于冒险

2. 要善于"插针"

一旦发现机遇，就必须抓紧时间，马上采取行动，把"针"插到"缝"里去，才不至于贻误时机。如果犹豫、观望，机遇就会悄然流逝，后悔莫及。

3. 要见机行事，随机应变

"见缝插针"之计的成败关键在于施计者能否做到这一点。当好机会出现在眼前时，要敢于扭转航向，见风使舵。

当坏的消息传到时，要敢于甩手抛弃，舍末逐本，分清主次。无论办什么事，不灵活、墨守成规，或随波逐流，肯定不会大的成就。

敢于冒险，突破人生

有冒险，就会有失败。正如常言说得好："十有九输天下事。"但是，如果因为害怕失败就不去冒险，那么则会失去很多成功的机会。其实，失败并不可怕，可怕的是你如何面对失败！

失败已成为过去，我们要做的就是要好好的掌握我们的未来。对我们大家而言，失败是通往成功的必经之路，需要冷静、忍耐；失败是每一个成功的起点，需要执著、认真。

对于诸葛亮这个十分了不起的人物，司马懿曾评价说："平生谨慎，必不弄险，"过于谨慎是他的一个弱点。他六

第四章　敢于冒险

出祁山而无大的建树，与此不无关系。

适当的谨慎是必要的，但过于谨慎则是优柔寡断，何况诸如早上起床这样的事是没必要作任何考虑的。我们需要想尽一切办法不去拖延，在知道自己要做一件事的同时，立即动手，绝不给自己留一秒钟的思考余地。

在走向成功的过程中，遭遇失败并不可怕，可怕的是因失败而产生的对自己能力的怀疑。不管是什么时候，只要你努力拼搏了，你就绝不会失败。真正的失败是不去拼搏。

其实，失败真的无所谓，一次两次的失败并不能说明什么。因为我们是人而不是神，我们不可能十全十美。相反，我们能力的大小，只有在经受了各种各样的考验之后方能证实。失败就是这样一种必须经受的考验，它可以提醒我们去寻找和发现我们自身的不足之处，然后，对它们进行弥补和改善。

从这个意义上看，失败使我们有了这样一个机会：让我们清醒地认识到事情是如何朝着失败的方向转变的，以使我们在将来能够避免因重蹈覆辙而付出更高昂的代价。此外，还有最重要的一点是，失败还使我们看清了在通往目标的道路上，一个必须去加以征服的敌人，这个敌人不是别人，就

是我们自己。要知道，人类最杰出的成就，经常是在战胜他人的同时也彻底战胜自我。

大学毕业后，摩根进入了邓肯商行工作。

一次，他去古巴哈瓦那为商行采购鱼虾等海鲜归来，途经新奥尔良码头时，遇到一位陌生人。那位陌生人看摩根像是做生意的，便自我介绍说："我是一艘巴西货船船长，为一位美国商人运来一船咖啡，可是货到了，那位美国商人却已破产了。这船咖啡只好在此抛锚。您如果能买下，等于帮了我一个大忙，我情愿半价出售。但有一条，必须现金交易。"

摩根跟巴西船长一道看了咖啡，成色很好，毫不犹豫地决定以邓肯商行的名义买下这船咖啡。然后，他兴致勃勃地给邓肯发去电报，可邓肯的回电是："不准擅用公司名义！立即撤销交易！"

摩根无奈之下，只好求助于在伦敦的父亲。父亲吉诺斯回电，同意他用自己伦敦公司的户头，偿还挪用邓肯商行的欠款。摩根大为振奋，索性放手大干一番，在巴西船长的引荐之下，他又买下了其他船上的咖啡。

摩根初出茅庐，做下如此一桩大买卖，是一种冒险。可

第四章　敢于冒险

是上帝帮忙，就在他买下这批咖啡不久，巴西便出现了严寒天气，使咖啡大为减产，咖啡价格暴涨，摩根狠狠地赚了一大笔。

摩根的事业大幕也就此拉开了。

美国南北战争开始后，一天，摩根与一位华尔街投资经纪人的儿子克查姆闲聊。

克查姆说："我父亲最近在华盛顿打听到，北军伤亡惨重，政府军战败，黄金价格肯定会暴涨。"摩根盘算了这笔生意的风险程度，商量了一个秘密收购黄金的计划。等到他们收购足量的黄金时，社会舆论四起，形成抢购黄金风潮，金价飞涨。

摩根觉得火候已到，于是迅速抛售了手中所有的黄金。这次黄金交易使他一下子获得了16万美元的纯利润。几年的国内战争，摩根利用获得的军事机密做投机生意，口袋里塞满了为数可观的美钞。

经过不断打拼和奋斗，摩根成了"华尔街的神经中枢"、美国19世纪70年代至20世纪叱咤风云的大金融家、国

际金融界"领导中的领导者",而这些名誉的取得,与他年轻时的两次冒险投资有着非常密切的联系。

由此可见,成功者之所以成功,不是因为他们有什么过人之处,只是他们面对机会的时候,比别人更敢赌敢拼。

纵观古今中外富商巨贾的成长历程,无不都是面对机会后果敢决策才取得成功的。在他们眼里,成功就是一场赌博,是一次冒险的旅途。

应该说,成功人士都有一个共同的特征,那就是敢于冒险。他们知道,机会都蕴藏冒险中,不入虎穴,焉得虎子。

渴望冒险的人寻求一种体验生命极限的刺激。但这种体验不同于现在流行的"蹦极"运动带来的刺激。他们寻求的刺激不仅是简单的神经兴奋,而是一种从挑战中获胜的快感。

这类具有冒险精神的人更倾向于独自面对严峻形势的挑战,并且为了达到最终的目标,能够承受重大的挫折和打击。正是这些特质使他们成为人们心目中的领袖和领导者,他们能在逆境中给人强大激励。

在我们的社会上,敢冒险的人总是在冒险,不爱冒险的人总是畏首畏尾。在勇于创新的人那里,冒险往往会成为一种具有鲜明特色的个人习惯。我们发现,那些具有冒险精神

第四章 敢于冒险

的人总是在不断尝试各种冒险事情。

其实,富人并不比普通人聪明,他们比常人多的无非就是敢于冒险的胆识而已,认准了方向就会放开一切大胆地去干,去尝试,而不是思前想后,犹豫不决。

敢想敢干才能成大事

一个人只有敢想是不够的，还必须要敢干才能成大事。同样，没有机遇，我们可以创造机遇，天上不会掉馅饼，机遇要靠我们自己去创造。

歌德曾经说过："犹豫不决的人，永远找不到最好的答案。因为机会会在你犹豫的片刻溜掉。即使是处于混乱中，我们也必须果断地做出自己的选择。"这话说起来简单，但做起来非常难，如果一个人没有决心去做，或者说没有冒险精神，是很难成大事的。懦弱的人、怕变化的人，只好躲在安全的地方，眼巴巴地看着别人走向成功，而自己却坐着让

第四章　敢于冒险

机会白白失去。

华达集团总裁李晓华早年曾因倒卖16块电池而被判处劳教，而且还丢掉了工作，成为失业者。

多灾多难的命运把李晓华抛进了中国第一代个体户的行列里。曾有朋友劝李晓华到广东那边进点儿货在北京摆个小摊儿什么的，也算做点小生意吧！

李晓华动心了。

于是，心情复杂的李晓华挤上了南下的列车，到了广州。

早在20世纪80年代初，广州就显示出了比北京更迅猛的发展势头。李晓华漫无目的地走着，眼前闪晃过一扇扇物品丰富的橱窗，那里有着许许多多在北京不多见的新鲜玩意儿。

突然，一件新奇的东西把李晓华吸引住了。那是一个直径约半米的透明玻璃大罐子，上宽下窄，里边橙黄色的果汁鲜嫩嫩的，不知追随着一种什么力量，不安分地跳着。沿着玻璃壁上滑落下来的汁液像是锅盖上蒸腾的水汽变成了水滴，划着十分诱人的轨迹。

李晓华站住了，站在了这个从未见过的东西面前，不想走了。

这就是今天中国各大中城市夏天街头很常见的喷泉果汁制冷机。可在当时，别说李晓华，全北京近千万人恐怕也没什么人见过。李晓华当即下了决心：就买这个了。

"多少钱一台？"他有些怯生生地问售货员。

"4000块。"对方答。

那几乎是他身上所带的全部本钱。可李晓华没有犹豫，他相信自己的判断力。

"我买一台。"

就这样一趟广州，李晓华没买众目所瞩的新潮时装和十分好赚钱的家用电器，而是抱着一台喷泉制冷机兴冲冲地回北京了。把它放在哪里呢？妻子想到了个绝好的地方——北戴河。

李晓华的妻子张吉芸对那里比较熟悉。过去她的父亲夏季常常去那里度假，还带她去过几次。北戴河是北方有名的旅游避暑胜地，京津两市的好多机关在那里建有疗养院，干部们和普通居民，有机会都会去那里度过一个夏季的好时光。去北戴河摆喷泉制冷机，赚游客的钱。好主意！

李晓华说干就干。可是他口袋里的钱没有了，于是就拉

第四章　敢于冒险

了一个合伙人，他出设备，北戴河的朋友出场地和人员，一间冷饮商亭红红火火地开业了。

那是一个难忘的夏天！已届而立之年的李晓华尝到了实实在在的成功，喜悦溢于言表。他不仅赚足了大把钞票，更重要的是，他对自己的专业敏感和决策能力充满了自信。

李晓华独到的眼光，大胆的行动，让他得到了丰厚的回报，促使他更快地向前发展，创造辉煌的事业！

美国物理学家和发明家米哈伊洛·伊德夫斯基，他使本来只能在一个城市内通话的电话，能够长距离使用，并且成功地跨越了大陆。

他小时候为了对付夜幕下藏匿于草丛中的盗畜贼，把刀锋插在草地里，然后牧羊少年"当当当"地敲打长刀的刀柄，让躲藏在玉米地里的来犯者听不到这个信号，但附近的牧羊少年则可以把耳朵贴在地上听到这个报警信号。他们用这个方法成功地对付了盗畜贼。

随着时间的流逝，长大后的牧羊少年几乎都忘记了这个可以通过地面传声发出警报的方法，但只有一个人例外，他在25年后以此作为理论基础，做出了一个使世人都受益的伟

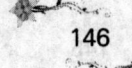

大发明，他就是米哈伊洛·伊德夫斯基。

没有成就的人常会为自己寻找借口，他或许这样说："我没有机会也没有时间去创造什么。"难道真的是没有机会吗？其实机会就藏在我们日常的生活中，只是我们缺少发现的眼睛而已，像世上的很多发明，都是通过对平常的东西进行不平常的思考而得来的。

那些不平常的思考不会自动地在我们的生活中发生。我们之所以能够发展，是因为我们自己必须要发展，这样我们才会积极地应对生活中的各种问题。成功的人在以往的经历中都遇到过人生抉择，抉择涉及风险，敢不敢冒这个风险，就看自己有没有信心。不怕做不到，就怕想不到，如果你想到了，不妨行动起来，或许你也会创造奇迹，成为一个不寻常的人物呢。

第四章　敢于冒险

机会不会留给安于现状的人

在我们的身边，我们常常能看到这样的人，他们安于现状，每当机会来临的时候，他们常常无动于衷，且不怎样欢迎机会。

事实上，机会代表变动、风险、困难和失败，这些都与他们的要求背道而驰。创造机会，表示打破现在生活的均衡。忽然间从各个方面出现的那些不利的因素，在满足于现状的人看来，那简直是非常遭糕的。有时，他们会幻想一下创造机会可能带来什么丰厚的成果，这样已感到满足，他们不会企图把构想付诸实践，这如何能取得成功呢？

年轻的亚瑟王在一次与邻国的战争中战败被俘。王妃看他英俊潇洒，不忍杀害他，所以提出了一个条件，要求他在一年内找到一个让她满意的答案，就可以暂时把他释放。如果一年后没有得到让她满意的答案，亚瑟王要自愿回来领死。如果不答应这个条件，就要终身囚禁。她的问题是："人最想要什么"这个问题恐怕连最有知识的人也很难回答，何况年轻而涉世未深的亚瑟王。信誉是男人的第二生命，既然已经答应了人家的条件，说什么也要找出答案。

他回到自己的国家，做了几次调查，一而再地请教智者、母亲、姐妹等，但是他还是找不到满意的答案。其中有一个谋士告诉他，可以去请教一个神秘的女人，她一定有答案，但是她喜怒无常。

一直到最后一天，亚瑟王无奈，只好跟着随从找到了那神秘女人。那女人似乎知道他要来，很快就开出了价钱："我保证给你一个可以过关的答案，但条件是要葛温娶我为妻！"葛温是武士中最英俊潇洒的一个骑士，也是亚瑟王的最好朋友。

第四章 敢于冒险

亚瑟王打量着眼前丑陋的神秘女人，他心里想着绝不能卖友求生，所以当下就拒绝，准备明天动身去领死。可是随从把当天的情况告诉了葛温，葛温有感于亚瑟王对朋友的义气，决定牺牲自己，葛温就偷偷地去见了那神秘的女人，并且答应娶她。神秘女人也言而有信，把答案告诉了亚瑟王："人最想要的是能够主宰自己的一生。"

亚瑟王带着这个答案去见了王妃，王妃欣然接受，释放了亚瑟王。回国后，葛温和神秘女人正式举行盛大的婚礼，亚瑟王看到朋友为自己做了这么大的牺牲，简直痛不欲生。葛温却保持着骑士的风范，把自己的新娘介绍给大家。到了洞房花烛夜，葛温还是依照习俗温柔地把新娘抱进新房，神秘女人羞涩地把脸转过去，等到葛温把她放到床上，他赫然发现她突然变成了一个容光焕发、美丽温柔的少女。葛温忙问怎么一回事。"为了回报你的善良和君子风度，我愿意在这良辰美景恢复我的本来面目。但是我只能半天以美女姿态出现，另外半天还是要回到令人厌恶的丑陋面目，不过亲爱的夫君，你可以选择我到底白天和晚上以什么面貌出现。我

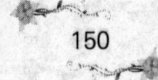

一定照你的指示去做。"

葛温想了想,以坚定的口气回答说:"亲爱的太太,我觉得选择的结果对你的影响比对我的影响大得多,你才有资格决定这件事情。"

"亲爱的先生,全世界只有你最了解一个人最想要的就是主宰自己的一生,所以我要一天24小时都恢复我原来面貌来报答你。"

希望成功的人,不但要意志坚定,还应随时抓住机会,鼓起勇气去做。一个不能相信自己,无时不在放过机会的人,再也不会有出头的一天。

如果一个人生性怯懦,没有一点自信力,遇事迟疑不决,裹足不前,毫无判断力,毫无冒险之心,那他的一生就将毫无生气,毫无成功的希望。

不论你承受着多么大的负担,也不论你生活的环境有多么的不公,只要你愿意,只要你想改变这一切,你就一定会扭转这个不好的局面,你的梦想终会有实现的那一天!然而如何才能实现呢?只要你敢于冒险,敢于挑战极限,才能体验生命的壮观。果断做出决策,我们可能还有胜利的希望,

第四章　敢于冒险

否则，会连一点希望也没有。世界上没有万无一失的事，无限风光在险峰，没有风险，就不会有波澜壮阔的人生，就不会有绚丽壮美的人生风景。只有冒险才能更好地拓展流光溢彩的人生！生命的历程就是一次冒险的旅行，要成为弄潮的勇士，就要敢于挑战人生的波峰浪谷，就要有不入虎穴、焉得虎子的胆识和魄力。

生活中的我们每天都可能面临着各种变化，新产品和新服务不断上市、新科技不断被引进、新的任务被交付，新的同事、新的老板……这些改变，也许微小，也许剧烈。但每一次改变，都需要我们调整心态重新适应。面对改变，意味着对某些旧习惯和老状态的挑战，如果你不改变过去的行为与思考模式，并且固执地相信"我就是这个样子"，那么，尝试新事物就会威胁到你的安全感。

敢想敢做，说得明了点儿，就是积极热情，就是良好心态的一种折射。当一个人缺乏生活的激情时，任何事都会对他产生很大的威胁，事事让他感到棘手、头痛，热情也跟着低落，就像必须用双手推动一座牢固的墙似的，费好大的劲儿才能完成某件事情。

反之，想了，做了，那么愈投入工作就会变得愈可行，

信心也跟着大增。因此，同样一件工作，巅峰型人看见机会，非巅峰型人却看见障碍。全力以赴的巅峰型人能看见事情的积极面及其可为之处；不投入的人却只看见难以克服的困阻，很快就气馁灰心。

　　成功人士之所以杰出，不在于他们有多么好的运气。相反，他们的运气大多看上去并不太好，甚至是糟透了。关键的是他们敢想敢干，敢于努力拼搏，敢于用行动克服困难、消除困难，不让不良心态有可乘之机控制他们，所以他们一直拥有自信，拥有成功必备的良好心态。

第五章

专注于自己的生活

第五章　专注于自己的生活

专注于自己的生活

那些专注于自己,会爱自己的人是幸福的,他们知道怎么取悦自己、提高自己,让自己变得更出色。只有那些愚蠢的人才会想着拿别人和自己比,按照别人的要求来要求自己。凡是专注于自己的人都是热爱自己工作和生命,知道生命的本质乐趣在意持久而宁静的心灵的富足。做好自己的事,走好自己的路,按自己的原则,好好生活,即使有人亏待了你,时间也不会亏待你,人生更加不会亏待你。

"你为什么要让自己陷入孤独呢?"迈克尔·安吉落的朋友问他。

"艺术是一个容易嫉妒的情人,它要你一心一意地投入。"这位艺术家回答。

狄士累利说:"当迈克尔·安吉洛在西斯廷教堂忙碌时,他从来不会接见任何人。"

"我们的路线就是一直向西航行,所以今天继续向西。"这是歌伦布航海日志中的一句话,简单无奇却又不容置疑。在航海时的指南针总是奇怪地摇摆时,安全的希望也时隐时现,这让水手们惊恐而沮丧。但哥伦布没有退却,他坚持向西方航行,这些话就是他在那个时候写下的。

拿破仑凭着自己对目标的坚持和决心,让每个法国人都记住了他,让巴黎的每一块石头上都刻下他的名字,甚至当时欧洲的每一封信件上,都赫然印着他的名字!直至今天,在塞纳河畔那个美丽的城市里,那个神秘而又伟大的字母"N"也随处可见。

决心的力量是巨大的,它能够创造奇迹,改变整个世界的面貌,这个世界上有很多伟人,拿破仑之所以能扭转整个欧洲的面貌,就是因为他从不放弃的巨大决心。

拿破仑清楚地看到,"权力均衡"只不过是一个神话,除非一个有着领袖天分的人出现,否则,数以百万计的民众

第五章　专注于自己的生活

只有处于无政府的混乱状态中。他以钢铁般的意志扭转了局势，并没有让自己将时间浪费在空想和犹豫不决上。一旦确立目标，他就下定决心，一往无前，这也是他战无不胜的关键原因。

专注于自己的生活需要我们一心一意，只在乎当下的事情。把当下手里的工作做好，不要想下面的事情我该怎么做，只专注于眼前正在着手的事情，用心去体会做这件事给自己带来的感受。

多专注于自己的生活，关注自己的内在。说起来容易，做起来却很难。在生活中，有些人总是不自觉地关注外界，而很少关注自己。

有个太太多年来不断指责对面太太很懒惰。那个女人的衣服，永远洗不干净。她晾在院子里的衣服，总是有斑点。

有一天，有个朋友到她家。细心的朋友拿了一块抹布，把这个太太的窗户上的灰渍抹掉，说："看，这不就干净了吗？"原来，是自己家里的窗户脏了。

你也有过一些看什么都不顺眼，永远觉得命运对自己不公平，但在倾听他们的怨言之后，总会发现很多人只是看到外面的问题，却看不到自己内在的问题容易些。

有时候，我们想要的东西，并不是我们的内心真正想要的东西，我们对隐藏在潜意识里的真正需要大都一无所知。这时，我们就需要多与自己的潜意识进行沟通，同时去感受自己身体里更多的潜在的能量。如果我们能够多了解一点儿自己的潜意识，或许就能够让自己的内心得到更多一点儿的平静和安宁。

潜意识就是你身体里的真实的自己，你不一定要和他说话，只需要用心去感受它的一举一动，关心它，爱护它，陪伴它，与它悲，与它喜，与它同甘和共苦，感受潜意识给你回馈的各种信息，这样，潜意识就会给自己更多的能量，你也会更了解自己。

古时候，在四川一个偏远的大山里，有一座很少有人去的寺庙。寺庙里有两个和尚，其中一个很贫穷，衣不蔽体，吃得也很简单，身体瘦弱；另一个和尚很富有，穿着丝绸的衣服，吃着上等的食物，大腹便便，脸上油光发亮。

当时，人们都认为南海（今浙江普陀）是个佛教圣地，很多外地的和尚都把能去一次南海作为自己的人生理想。一天，穷和尚对富和尚说："我打算去一趟南海，你觉得怎

第五章　专注于自己的生活

样？"富和尚不敢相信自己的耳朵，认真地打量了一通穷和尚，突然大笑起来。

穷和尚被他笑得莫名其妙，就说："怎么了？"

富和尚问："我没有听错吧！你想去南海？你凭什么东西去南海啊？"

穷和尚说："带一个水瓶、一个饭钵就行了。"

"哈哈……"富和尚笑得都喘不过气来，"去南海来回好几千里路，路上的艰难险阻多得很，可不是闹着玩的。我几年前就作准备去南海，等我准备好充足的粮食、医药、用具，再买上一条大船，找几个水手和保镖，就可以去南海了。你就凭一个水瓶、一个饭钵怎么可能去南海呢？还是算了吧，别白日做梦了。"

穷和尚不再与富和尚争执。第二天，富和尚发现穷和尚不见了。原来，穷和尚一大早就带着一个水瓶、一个饭钵悄悄地离开寺庙，步行前往南海而去了。一年以后，穷和尚历经千难万险回来了，他发现富和尚还在准备去海南的东西。

故事里的富和尚没有看清自己目前的状态是什么，他没有随时关注自己到底要的是什么，以至于失去了自我。去一

次海南真的需要准备那么多东西吗?去海南的沿途不是去享受的,只是要去拜访普陀的佛教圣地,感悟佛法的,这才是自己想要的。如果富和尚能早明白这个道理,专注于自己的生活,他早就已经去过海南了。

第五章　专注于自己的生活

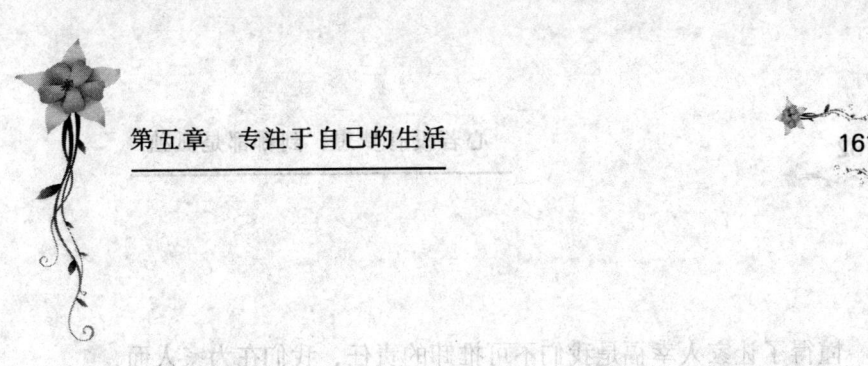

为谁而活

　　一个人究竟在为谁而活？名誉、地位、金钱？还是父母、妻子、孩子？

　　人活在这个世界上不是一个孤立的个体，我们身边有父母、亲人、老师、同学、朋友和同事的关心。小的时候，我们把自己的一些大事都交给父母决定，因为父母常根据孩子能否接受他们的价值观来奖励或惩罚自己的孩子，我们在为父母而活。长大了，我们的一些重大决定还是会受到家庭和朋友的影响，因为作为一个有能力负起责任的人来说，我们更应该遵从家庭的意见，而不是我们自己，因为我们心中

懂得了让家人幸福是我们不可推卸的责任，我们在为家人而活。年龄再大一些，我们的孩子也大了，我们又要为孩子的工作和婚姻操心，我们在为孩子而活。直到我们已经年迈，回首往事时才发现，自己的一生过得并不轻松，我们真正为自己而活的岁月几乎没有，大部分的时间都在为他人而活。

一位才华横溢的诗人，他写了不少诗，也有了一定的名气，可是，他却十分苦恼，整天为自己的一部分还没发表的诗而痛苦，觉得自己的作品无人欣赏。于是，他决定去找禅师诉苦。

禅师听了他的话，笑着指着窗外一株茂盛的植物说："你知道那是什么花吗？"诗人看了一眼说："夜来香。"禅师说："是的，你知道夜来香名字的由来吗？""是因为它在夜晚开花的缘故吧。""那它为什么只在夜晚开花，而不在白天开呢？"禅师又问。

这时，诗人看了看禅师，摇了摇头。

禅师笑着说："夜晚开花，并无人注意。它开花，只为了取悦自己！"诗人吃了一惊："取悦自己？"禅师笑道："白天开放的花，都是为了引人注目，得到他人的赞赏。而这夜来

第五章　专注于自己的生活

香，在无人欣赏的情况下依然开放自己，芳香自己，它只是为了让自己快乐。一个人，难道还不如一种植物吗？"

诗人笑了，他说："我懂了。一个人，不是活给别人看的，而是为自己而活，要做一个有意义的自己。"

是的，现实生活中，有许多人像这位诗人一样，总是把自己快乐的钥匙交给别人，自己所做的一切都是在做给别人看，让别人来赞赏，仿佛只有这样才能快乐起来。这种活给别人看的心态只会使自己活得更累，我们要自由自在地活好。其实，许多时候，我们应该为自己做事。一个人，只有取悦自己，才能不放弃自己；只要取悦了自己，也就提升了自己；只要取悦了自己，才能影响他人。

有的人在为外在的物欲而活。不满足会让自己在不停地追逐外界的物质需求时忽略自己的内心，自己常常感觉身体很累，心更累。为了得到他人的喜爱，我们善解人意、体谅宽容、温柔善良，但我们内心深处的痛苦又该如何填补？

人的动机一般有两种，一种是因为自己内心的需要去努力，一种是因为受外界的刺激。如果驱使我们按照自己的内心需求，我们就是自己的主人。如果我们被外部因素所左右，我们的情绪就很容易出现波动，我们就会成为它的奴隶。

一个人之所以会形成为别人而活的思想，最主要的原因是因为在我们小时候，我们只有听父母的话以及达到父母的希望时，我们才会得到父母的认同和奖励，而父母很少去关心孩子自己的的想法，另一方面是因为关心我们的人对我们有很高的希望，我们为了不让我们爱的人以及爱我们的人失望和伤心，我们不得不做一些我们不喜欢的事情。久而久之，我们就养成了为别人而活的习惯。即使在为别人而活的过程中，自己的身心是多么的疲惫，我们也不会停下脚步去思考自己到底为谁而活，因为我们从小就是这样过来的。但是，你完全可以改变它，你可以从现在开始多专注于自己，让自己的生活和工作变成"为自己而玩"，使自己的每一天被快乐所包围。

为自己而活，并不是为自己的自私找借口。自私的人只知道索取，不考虑别人的利益，有的甚至是为了得到自己的一点儿利益而去伤害别人的更大利益，不会为他人付出。而为自己而活就是在对自身的了解和认识的基础上，努力地去追求自己内心真正想要的东西，会让自己感到身心的愉悦。在追求的过程中，如果自己的利益和别人的利益发生矛盾时，他也会站在别人的立场来看待问题，会把别人的伤害降

第五章　专注于自己的生活

到最低点。

史蒂夫·乔布斯说:"最重要的是,勇敢地去追随自己的心灵和直觉,只有自己的心灵和直觉才知道自己的真实想法,其他一切都是次要的。"是的,不要再被别人所束缚,跟随着自己内心的声音向前走吧!人的一生是短暂的,最终的归宿也都是一样的——死亡,谁都不会例外。既然如此,我们何必折磨自己,活在别人的看法和评论中呢?打开自己思想的枷锁,倾听自己内心的声音,感受生命中带给我们的每一次喜悦,真正地做到为自己而活,这样的人才会多姿多彩。

专心致志

如果想获得预期的成功,那么就要首先为自己选定一个目标,然后把全副心思都集中在这个目标上,破釜沉舟、背水一战。不要因为任何事情放弃自己的目标,也不要受任何诱惑或引导。一个人如果从事了无数项生意,但对每一项都一知半解,那么,他就有可能饿肚子;而如果他只选择了一项生意来做,那么即使这项生意相当不起眼,他也会变得富裕而有名气。

格莱斯顿拥有深邃而灵活的智慧,可即使聪明,也无法一心二用。他只会将自己的注意力放在一件事情上,哪怕是

第五章　专注于自己的生活

娱乐消遣，也遵循原则。那么，我们是不是更应该具有专注力呢？

坚定的决心是慢慢积累起来的，它就像一块大磁铁，会吸住运动过程中一切相似的东西。

美国人会用很多方法将两条绳子结在一起，而英国水手只了解一种，但这却是最好的方法。只有目标如一、眼光敏锐、决心坚定，并且思想单纯的人，才能清楚前进路上的障碍，大踏步走在队伍的最前方。培根能将自己的知识传播到世界各个领域，但丁能同时与14个人辩论并取得胜利，可这样的朝代已经一去不复返了。一个人能够同时兼顾多个行业，并且都取得成功的时代已经过去了；这个时代的主旋律是：集中精力。

科学家们计算过，如果把50英亩土地上的阳光全部集中起来，那么它产生的能量，足以为世界上所有的机器提供能源。但普照大地的太阳光永远做不到这一点，它无法点燃地面上的任何东西。可是，如果我们用放大镜将这些阳光集中起来，那么，再坚固的花岗石也会无声无息地熔化，甚至钻石也变会变成气体。许多人像太阳光一样，拥有令人艳羡的多样能力，可是他们总是"阳光普照，均衡对待"，所以

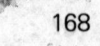

他们总难以将事业做到成功。其实，所谓的"万事通、多面手"，他们的能力都是极其微小的，因为他们并没有将自己的能力聚集起来，这就造成了他们与成功者的差距。

集中利用的才能才是真正有效的。与一整车废置的火药相比，步枪子弹后的那一点儿火药，更具有杀伤力。因为步枪的枪管将火药集中在一个点儿上了。而如果没有枪管，就算质量再好的火药也是没有用的。最差劲的学者也许会比那些大教授们更有成就，因为他们可以某一处目标上集中所有的力量，而大学者们常常只有综合能力，而并不会去想如何将力量集中在一个领域上。

嘲笑那些专心致志的人，似乎成了当前的潮流。然而，正是这些专心一致的人，才改变了世界的面貌。在这个时代，只有一心一意、始终保持原有的热情，你才能获得知名度。要想让别人知道自己的成就，要想冲破现代文明中保守主义的束缚，你就必须使自己的目标专一。如果你时常改变目标，轻易动摇决心，那么是不可能立足于这个社会的。许多人失败，就是因为他们一直处在"精神动摇"中。

歌德曾说，如果我们的某种才能没有达到精通，甚至无懈可击的地步，就不要运用它。如果你非要去运用它，到最后你

第五章　专注于自己的生活

会发现，这其实是一件很无聊的事，我们只是在白费精力。正如一句俗话所说："精于一项生意的人，可以养活一个妻子和七个孩子；而精于七项生意的人，他自己都饿肚子。"

专注于一件事才可能成功，那些野心太多的人，并不会名载史册，因为他们没有坚持使自己的力量集中。爱德华·埃弗雷特拥有众多的才能，许多人都期望他能有所成就，然而他辜负了他们。尽管他涉猎各个领域，并通晓上等社会的各种知识，然而他永远也不会像加里森和菲利普斯那样，使人能联想到他所做出的成就。

伏尔泰将法国人拉哈普比作是一个永远燃烧的炉子，可是这个炉子从没有煮过任何东西。

哈特利·科尔里奇是个天才，可他的一生碌碌无为，因为他从来没有一个明确的目标。他没有任何专长，他的叔叔索西这样评价他："科学里奇有两只左手。"他一直生活在自己梦幻的世界里，对于外界，他有一种病态的惧怕。甚至要拆开一封别人寄来的信时，他的双后会颤抖不已。他也尝试过努力，要早日脱离这种萎靡而没有追求的日子，勇敢面对脑子中的空白。然而，正如詹姆斯·马金托什爵士所说："他仅仅是个怀着希望的人，但一生都没有做过一件有成就实事。"

　　成功人士在做事之前都有一个计划，并以行动去实践它。当遇到困难时，他会暂时停下来，仔细审视症结所在。集中所有才能于一个目标上，会使自己拥有无穷的力量。相反，如果毫无目的地滥用才能，那么他的力量就只会被削弱。所以，人必须有一个明确的目标，它就像一部机器的发动机，如果失去这个发动机，那么整台机器都无法有效工作了。

第五章　专注于自己的生活

专注使你成功

　　这是一个需要专注力的时代，高学历、天才或是万金油都是远远不够的，那些拥有精神专业技能的人才是这个社会的宠儿。

　　但丁说："能够使我飘浮于人生的泥沼中而不致陷污的，是我的信心。"培根说："深窥自己的心，而后发觉一切的奇迹在你自己。"一个人是否能成功，关键是看做事者是否有足够的信心去战胜困难。一个有坚定的自信信念的人，也许他的能力平平，却常常可以成就伟大的事业，而有些能力强、天赋高但自卑的胆小的人，却往往被失败所包

围。因此，我们要有"天生我材必有用，千金散尽还复来"的胸怀，这样我们才会走向成功。

成功者往往是自信的人。自信是一个人内心认为自己可以克服困难，获得成功的一种信念。拥有这种自信信念的人，才会看到成功的曙光。古今中外的无数事实说明我们应该自信，因为自信与成功往往是密不可分的，自信是取得成功的最基本的前提之一。

爱迪生说："自信是成功的第一秘诀。"正是有了这种自信的信念，爱迪生在实验中失败了一次又一次之后，他仍然没有放弃自己的实验，因为他相信自己一定会成功，最后他发明了包括灯泡在内的1000多项发明。

海伦·凯勒小时候因生了一场大病，变成了又聋又瞎又哑得残疾人，但她并没有因此就丧失信心，仍然坚持自己的事业，最终不仅成了著名的教育家，还帮助许许多多像她一样的儿童。

居里夫人再给她姐姐的信中写道："我们生活的都不容易，但是那有什么关系？我们必须有志向，尤其要有自信力！我们必须相信我们的天赋是用来做某种事情的，无论代价多大，这种事情必须做到。"正是居里夫人的自信支持她

第五章 专注于自己的生活

在经受了失恋、丧夫、社会上的流言蜚语等打击之后，两次荣获诺贝尔奖，为人类的科学事业作出了突出贡献。

上帝在造人的时候，都会给每个人某种能力去完成自己的使命。可惜的是，他没有把这个能力明确的写在我们每一个让人的脸上，而是把它隐藏在我们每一个人的身体里，只有在我们自信，或是在我们的思考时候，我们才会感觉到我们拥有这种能力。这种能力就是我们在客观的积极的自我认识中找到自己的长处时产生的自信心。

小泽征尔是世界著名的交响乐指挥家。在一次世界优秀指挥家大赛的决赛中，他按照评委会给的乐谱指挥演奏，敏锐地发现了不和谐的声音。起初，他以为是乐队演奏出了错误，就停下来重新演奏，但还是不对。他觉得是乐谱有问题。这时，在场的作曲家和评委会的权威人士坚持说乐谱绝对没有问题，是他错了。面对一大批音乐大师和权威人士，他思考再三，最后斩钉截铁地大声说："不！一定是乐谱错了！"话音刚落，评委席上的评委们立即站起来，报以热烈的掌声，祝贺他大赛夺魁。

原来，这是评委们精心设计的"圈套"，以此来检验指

挥家在发现乐谱错误并遭到权威人士"否定"的情况下，能否坚持自己的正确主张。前两位参加决赛的指挥家虽然也发现了错误，但终因随声附和权威们的意见而被淘汰。小泽征尔却因充满自信而摘取了世界指挥家大赛的桂冠。

小泽的成功与他对自己的肯定是分不开的。正是由于小泽的自信，他才会在权威人士都说是他错的时候，还能坚持自己的意见，认为是乐谱出了错，这种自信不是一般人会有的，小泽有了这样的自信心又怎么会不成功呢？

很多人因为自己生下来就有缺陷而产生自卑，对自己没信心，认为自己在其他的方面也是有缺陷的。可是，你有没有想过：拿破仑身高矮小、林肯相貌丑陋、罗斯福患有小儿麻痹症，海伦·凯勒又聋又哑又瞎，为什么他们没有产生自卑，反而还拥有极其辉煌自信的一生呢？因为这些都是先天性的缺陷或是后天生病引起的后遗症，不比学历、技能、知识、文化、性格等等，后天都可以通过努力而改变。在想想自己，只要自己没有比他们更加的不幸，我们又有什么理由因为这点缺陷而自卑呢？

自卑是很可怕的事情，非常自卑的人，即使他们天生拥有很强的能力，也很难做出伟大的成就。因为自卑的人对自

第五章 专注于自己的生活

己的能力缺乏了解,甚至产生怀疑。有时他们的观点是正确的,他们也会被眼前的困惑所蒙蔽,推翻自己的结论。

英国的弗兰克林从自己拍摄的X射线照片上发现了DNA的双螺旋结构后,计划就此发现做一次演说,然而许多人对她的发现提出质疑,怀疑她的照片的真实性和假说的可靠性。最终因为她的自卑,她动摇了,她公开否认了自己提出的假说。1953年,科学家沃森和克里克也发现了同样的现象,从而提出了DNA的双螺旋结构假说,使人们进入了生物时代,并因此获得了诺贝尔医学奖。

如果不是因为自卑,这个伟大的发现本来是属于弗兰克林的,因为自卑,她错过了这个成功的绝好机会。在清楚地认识到自己的优点以后一定要相信自己,不要对自己的能力产生怀疑,这样,我们才可能走向成功。

美国作家爱默生说:"自信是成功的第一秘诀,自信是英雄主义的本质。"一个获得了巨大成功的人,首先是因为他拥有自信,自信的人会依靠自己的力量去实现目标,而自卑的人则只会凭借侥幸心理来期待成功的出现。

自卑者往往会自己看不起自己,我们试想想,如果一个

人自己都不自信，又怎能引起别人对你的信任和重视呢？与其生活在自卑的阴影下，还不如花点时间分析自己存在的问题，为什么自己会产生自卑，从源头上解决问题，消除自己的自卑心理。

思考自己产生自卑的原因，正确的评价自己，欣赏自己的长处，弥补自己的不足，带着自信来工作可以战胜自卑的心理。当你从自卑的阴影中走出来的时候，你会发现你的能力完全可以实现你所追求的目标。这样积极的乐观心态有助于你很好地完成自己的目标，而目标的实现又会让你更有自信。

然而，有些人终其一生都不明白这个道理，他们总是在抱怨上天不公的时候又盲目地听从命运。他们不知道自信心就是在劳其筋骨，饿其体肤，苦其心志的磨炼之中培养出来的。他们拒绝尝试，害怕别人的否定，不愿面对失败，所以他们不相信自己的才干、能力、知识和智慧，更加不相信那把成功的钥匙就隐藏在这些所谓的灾难和不幸中。这些抱怨的人们，能够怨自己的平庸是上帝的错吗？要怪也只能怪自己不相信自己的能力和智慧。所以，我们要有"天生我材必有用"的信念，因为唯有自信才能走向成功。

缺乏自信的人是自卑的，但还有一部分人由于自我认识

第五章 专注于自己的生活

低,错误的认识自己而表现出自傲。自傲的人往往是由于缺乏对自己的自信而用另一种方式来掩盖自己的自卑。自信的人会相信自己,同时也相信别人,而自傲的人只会无限地夸大自己的一点儿长处,鄙视别人。在任何富有成就感的事物当中,你都看不到傲慢无礼。

自信并不是自负,自负的人喜欢制造虚幻的自我满足,希望得到超过自己实际价值的肯定,但往往适得其反。楚霸王相项羽以为贵族出身,英雄盖世,力拔山河,拥有雄兵百万,不把亭长出身的刘邦放在眼内。但刘邦善用张良、韩信、萧何等人,由弱转强。刘、项相争,结果是项羽惨败,自刎乌江。

相信自己吧,生活总要很现实的去面对,总有自己要去走完的路,不管过程中多么的艰难,要做的就是去克服,去坚持,坚持下去的都是大神,也许你现在比不上别人优秀,但是不意味着将来都没别人优秀,要超过只是时间和汗水,做到了你就会为自己喝彩。

突破自我设限

一个人不成功的原因有很多,其中最重要的原因就是自我设定得太多。他们缺乏自我挑战的想法,自我突破的勇气,总是以为用"安于现状即是福"的思想来设定自己,认为自己的现状已经不错了来安慰自己。这样连突破自己勇气都没有的人,就是再过十年,他还是会停留在原来的状态下,无法前进。又何谈取得成功呢?

突破自我的设定就是打破自己对自己的消极看法,带着积极的思想,不要总是给自己下定义、贴标签,敢于行动,超越现在的自我,不要停滞不前,安于现状。

第五章 专注于自己的生活

在体育史上，有一个经典的"一英里四分钟"的故事：

自从古希腊设立"一英里比赛"的赛跑项目以来，人们一直试图在四分钟内跑完，甚至曾让狮子追赶奔跑者，但仍没突破。于是所有运动专家都断言：一英里四分钟是人类极限。然而，1954年5月6日，牛津大学医学院25岁的学生罗杰·班尼斯特，用3分59.4秒的时间突破了这一极限。最后陆续有人在四分钟之内跑了一英里。

如果你相信专家的断言，那么，断言就成了你突破自我的设定。但当罗杰·班尼斯特在不到四分钟的时间里跑完一英里后，这种自我限定就自然而然地打破了，很多人都不相信专家的断言，最终有许多人打破了专家的断言。如果罗杰·班尼斯特没有打破这一纪录，我想后面的那些打破纪录者也不可能突破自己的设定，能在不到四分钟的时间里跑完一英里。因为很多人把自己定在一个界限之内，一旦不能突破，就会退缩到安全的界限内，并告诉自己："算了吧！我的能力就只有这些。"殊不知那个界限，其实正划分开胜利与失败。

可见，自我设定对一个人的成长和进步是多么大的障

碍。只有突破自我的设定，才能让我们坚定信念，打破从前的懦弱，展现自我新的好的一面。

　　人生的旅途本来就是起伏不定的，而生命也是由欢笑和泪水编织而成的，就像电影中的角色，不管是主角、配角或是临时演员，只要尽本分，把戏演好，向困难挑战，超越自己，突破自我设定、就是懂得生命真谛的人。

　　不少人准备做一件伟大的事情，打破某个纪录或做出一项破天荒的创举。刚开始时，他们的梦想与野心十分远大，但是在生活的道路上，并不是时时刻刻都能随心所欲，一定会有碰壁的时候。一旦碰壁了，心情难免沮丧、低落，亲友或同事们的消极批评，更容易使自己受到影响，他们开始认为自己所定的目标超过了自己的能力，于是，他们降低自己的目标，再次遇到挫折时候，又再次降低目标，结果自己失败了。失败后，他们便认为自己能力不足，净为自己找失败的借口，就像跳蚤主动降低自己的跳跃能力一样，想成功自然是不可能的了。

　　看过马戏团的大象表演的人，大家都发现一个奇怪的现象：大象牵出来的时候带着很小很细的铁链，而小象牵出来的时候会是粗壮铁链。这根很细的铁链实际上根本束缚不了

第五章　专注于自己的生活

强壮的大象。可是，为什么大象能乖乖的受束缚呢？那是因为，从小开始，它就被牢牢地束缚了，无形中它就形成了自己无法突破束缚的这个设定。虽然绳子很细，但是心灵的障碍却是很强大的。

有一天，马戏团突然发生了大火，起火后所有的动物都在往外奔跑，当然马戏团的老板也在逃命，但他万万没有想到的是，当他回头往后看的时候，大象正在大火中被活活地烧死。

为什么会这样呢？为什么它会站在原地不跑呢？因为它从小被绳子拴住了，所以它觉得自己不可能跑得了。这个本能挣脱那小小铁链逃命的大象，怀着自己的设定——我不可能逃脱这个铁链——而死去。

人有些时候也是这样。人在年轻的时候，总是活力四射，不畏任务的艰巨，敢于屡屡去尝试，但几次失败下来，他们就开始用"我太年轻了""我的能力不足""我还没准备好"等来设定自己。于是，他们开始怀疑自己的能力，而不敢去尝试突破自己。即使有一天，他们拥有了战胜困难的能力，他们也会因为害怕，失去追求成功的勇气，而甘愿做生活的失败者。

这种不敢去追求成功的人，不是追求不到成功，而是因为他们的心里面也默认了一个"高度"，这个高度常常暗示自己的潜意识：成功是不可能的，这是没有办法做到的。

其实，上天给我们生命，而人的生命也是有限的，我们应该在有限的生命里突破自我的限定，实现人生的价值。在生活中，如果你问一些人，最近过得怎么样，他们的回答常常是"还是一个给别人打工的小职员""还是老样子，混口饭吃"。为什么他们会这么说呢？那是因为在心里给自己设定了一个高度，觉得自己不能跳过这个高度。只能做一个小职员，这样，我们只会原地踏步，不会取得进步。

人的一生中，不可能事事都顺利，难免会遇到挫折。如果我们一遇到失败，就把自己的高度调整到瓶口以下，不再向自我挑战，突破自我的设定，我们便无法实现自我。这时，你该为自己设定一个远大的目标，并有计划地为自己的能力加码，不要再自我设定，认为自己达不到那个高度。只要能够坚持目标，用心突破瓶颈，人生的出口一定会无限宽广。

让我们行动起来，做一个勇于突破自我设定的参与者，用自己的自信向自己挑战，用自己的积极地信念突破自我的设定。每天对自己说："突破自己，超越自己！"

第五章　专注于自己的生活

执着

　　紧紧咬住自己的目标不放松，成功的致命伤就是频繁更换工作。如果一个年轻人，先是在一家纺织品商店做了五六年的生意，后来又转到食品杂货店，那么他之前的那些经验就完全没用了，因为新工作不需要那些经验。所以，可以说，他之前的时光都被浪费了。这个年轻人什么都尝试着去做，可是没有一样是他的专长。他不知道经验要比金钱重要许多倍，也不知道此前他多年的生意经验是多么的可贵。如果一个人做生意总是半途而废，那么就算他同时做20种生意，也不会使他更有能力，生活得更好，更别提获取财富了。

有许多年轻人在工作还没精通一项技能的时候就中途放弃了，转向别的工作去了，他总是从自己的工作里看到"刺"，而从别人的工作里看到"玫瑰花"。一个做生意的年轻人看到一个坐着马车而奔忙看望病患的医生，他不由觉得这医生这个职业真好，而做生意真是一件费力又费心的苦差。铁矿石，这个年轻人没有看到，在医生这个光鲜职业的背后，是多年的枯燥而艰苦的学习。复杂的解剖学、枯燥无聊的细节、纷杂难记的药名和专业术语等。在从医的前几个月甚至几年的时间，他可能都没什么患者。

如果一个人拥有非常精深的业务能力，那么他会感到自己的强大，因为对业务的熟练令他的工作效率大大提高，并使他获得收益。而在此之前，他还在一直艰苦地学习，那时，他可能会觉得自己晨白费工夫。但是他长期知识的积累，为自己打好了基础，建立了稳固的交际圈，同时还赢得了真诚、正直、可靠的声望。到那个时候他就会明白，过去那些努力从来没有被浪费掉，正是它们奠定了自己的成功之路。声望、自信、正直、友谊等，这些是一个职员走向致富之路的巨大财富。如果他没有在自己的事业上坚持下去，或者被前方的各种困难吓倒，那么等待他的只是失败，因为他

第五章　专注于自己的生活

没有走得更远。

所有成功的人都是执着的人，这是毋庸置疑的事实。

然而，在各个行业，我们都能看到年轻人频繁地调换工作，辗转于各种职业。在他们看来，这些变动似乎就如转动一个开关一样习以为常，而不管两个职业间是否具有连接点，也不考虑自己是否能像别人一样轻松地胜任该工作。这种情况在今天的美国尤其明显了，以至于年轻人之间的问候语都变成了"你现在在做什么"了。由此可见，他们在上次见面之后，又换了新的工作。

有人认为，只要这些年轻人一直努力下去，总有一天会成功的。但事情并非如此，盲目地努力就像大海中缺乏罗盘的轮船那样，最终会迷失方向。

一艘缺乏方向感的船可以在大洋中"不断努力"地向前航行，也许它有足够的马力，但它只会离目的地越来越远，除非奇迹发生，否则，它永远到达不了预期的港口。就算它到了某一个地方，船上的货物也并不一定是当地居民所需要的，因为它们并不适合那里的气候和环境。只有拥有罗盘的船才会顺利到达自己想要去的港口，给当地居民带去合适的货物。不管风吹日晒或是暴雨浓雾，这艘船都必须沿着预定

的目标不断前进。

所以,一个人要想取得成功,就不能没有人生的方向,不能盲目地前行。一旦确立了目标,不论是风平浪静、水波不兴,还是急风暴雨、浓雾掩映,都应该坚持这个目标。大西洋的邮轮从不因为天气恶劣就停滞不前,而总是在最危险的海面上一往无前,它们只有一个目的地。无论天气状况如何,无论前面有什么障碍,它们都会顺利而准时地到港。

"努力吧,然后衣锦还乡。"甘皮塔的母亲在送他去巴黎念书之前嘱咐道。这个年轻人一直与贫穷为伍,他穿着破烂的衣服,在阁楼里学习,但这又有什么关系呢?他已经下定决心要做一个伟人,多年来一直坚持勤奋地学习。终于,他赢得了自己的机会。朱尔斯·法夫赫要担任一个要职,但是他体弱多病,于是便将这个位置让给了这位毫无名气的年轻人。尽管甘皮塔其貌不扬,有些木讷,但他为这个机会准备了很多年。他在法国发表了一场精彩绝伦的演讲。那天晚上,几乎巴黎所有的报纸都在谈论着这个吉普赛人。很快,他成了共和国的主席。他之所以如此迅速地取得成功,绝不仅仅是因为运气好或偶然,而是多年来的学习和积累。如果说他不能

第五章　专注于自己的生活

胜任这个职位，那简直是荒谬。昨天，他还是生活在阁楼中的贫穷小子，今天，却已跃升为共和国的伟大领袖！

那些能够在一件事情上保持独立个性的人，才是这个社会所需要的人才，他们不会让自己变得越来越狭隘。他们心中有一个确定的目标，这种目标不是教育、天分、勤奋和意志力能够代替的。生活中，没有明确的目标就会导致失败，如果我们不在目标上运用自己的才干，那它们只会被浪费。

如果一个箱子里满是工具，但木匠却不会使用，那它们的存在又有什么意义呢？如果一个人不将自己的能力和智慧用在实现目标上，那么他所受的教育和智慧也毫无意义。

没有目标的人永远不会给世界给下什么印迹。因为他缺少个性，永远徘徊不前，被淹没于人群中，所以他做不好任何工作。

伟大的目标使我们的生活有了意义。它能聚集我们所有的力量，并将它们拧成一股强大的绳，这样，那些弱小而分散的力量就强大起来了。

第六章 勇于尝试

第六章 勇于尝试

生活在于尝试

记得上小学的时候有一篇课文叫作《小马过河》,一匹想过河的小马,因为没有经验不敢过河,于是问老牛和青蛙,老牛说水很浅,青蛙说水很深,于是小马不知道该怎么办,这时候小马的妈妈告诉它应该自己去尝试,于是小马自己试着过河了,原来水既没有老牛说得那么深,也没有青蛙说得那么浅。

这个故事虽然简单,却引发了我们很多的思考,前进的道路上是什么阻碍我们,是天、地、人?还是打雷、刮风、下雨?这些外在的因素只是一时的,都会随着时间的推移发生变化，他们可能在一时一地对我们有着好的或是坏的影响，但不可能真正决定我们的人生。在我们人生的很多时刻，导致我们掉入失败深渊或是很多事情不敢尝试、害怕去做的主要原因还是在我们的内心。是我们内心深处精神的枷锁，我们思维的障碍墙，成为我们前进的真正阻碍。无法克服这个障碍，我们就无法迈出第一步，没有第一步的前进，就没有万里长征的胜利，即使心中有万千个想法，但是不去实践，永远也都是在纸上谈兵。

生活在于尝试，不要让自己心灵的枷锁锁住了自己的内心，阻碍了自己看世界的视角，打开心灵的枷锁，看到的将是明亮的天空。当你能够走出自己被锁住的心灵之门的时候，你会发现，原来很多事情并非我们想象得那么困难，真正让我们无法前进的不是眼前的困难真的很大，无法克服，而是我们的心灵的枷锁锁得太深，而我们从来没想过去把他打开。

有一个年轻人，刚刚经历了生活的打击，自己到乡下去散心。走到一个村子口，他看到一位老伯伯把一头大水牛拴在一个小小的木桩上。他就走上前，对老伯伯说："伯伯，这样水牛会跑掉的。"老伯伯听后，十分肯定地回答说：

第六章 勇于尝试

"不会,它不会跑掉的,从来就是这样的。"年轻人有些迷惑,忍不住又问:"为什么不会呢?木桩这么小,牛只要稍稍用点儿力,不就拔出来了吗?"

老伯伯听了笑着走近他,压低声音说:"小伙子,我告诉你,当这头牛还是小牛的时候,就被拴在这个木桩上了。刚开始,它不是那么老实待着,有时撒野想从木桩上挣脱,但是,那时它的力气小,折腾了一阵子还是在原地打转,见没法子,它就蔫了。后来,它长大了,却再也没有心思跟这个木桩斗了。有一次,我拿着草料来喂它,故意把草料放在它脖子伸不到的地方,我想它肯定会挣脱木桩去吃草。可是它没有,只是叫了两声,就站在原地呆呆地望着草料了。你说,可笑吗?"

年轻人忽然明白了,原来,拴住这头牛的并不是那个小小的木桩,而是它自己内心用惯性设置的精神枷锁。其实,只要他挣脱自己内心的枷锁,能够尝试一下,稍微用一点儿力,自己就获得自由了。可是,它思维的惯性已经将它局限在那里,他连尝试的想法都没有,认定自己无法摆脱木桩的束缚。

生活中，很多人不也是这样子吗？有自己的伟大志向，希望做出自己的事业，可是却被内心的胆怯和自卑所束缚，不敢尝试，不敢行动，害怕失败，甚至已经认定自己不会成功！阻碍他们向前的不也正是他们自己设置的心灵枷锁吗？

其实，仔细想一想就会发现，生活中，阻碍我们成功的并非外界的障碍，和自我设置的心灵枷锁比起来，那些障碍根本不算什么，根本阻碍不了我们前进的步伐！真正阻碍我们成功，使得我们对前方望而却步的正是我们自己设置的心灵的枷锁，打开心灵的枷锁，我们才能走出来，看见外面灿烂的天空！也只有这样，我们才能不畏艰辛勇往直前，成就自己的事业！

有一个非常有名的魔术大师有着一手开锁的绝活儿，无论多么复杂的锁，只要交给他，他都能在很短的时间内打开，从来没有失败过。为此，他向世人发出挑战："在一个小时之内，他可以从任何的锁中逃脱。条件是，他需要一个安静的环境，不许别人打扰和观看。"

有一个人听说了这位大师，他决定会一会他，打击一下他的傲慢。他找人打造了一个坚固的铁牢，特制了一把看上

第六章 勇于尝试

去非常复杂的锁,将这位魔术大师请来。

大师毫不犹豫地接受了这个人的挑战。他走进铁牢中,牢门立刻被就关上了。按照规则,所有人都迅速走远。大师拿出工具,开始工作。十几分钟过去了,大师专注地研究着这把锁;30分钟过去了,大师用自己的耳朵紧紧贴着锁,还在专注地寻找着锁孔;45分钟过去了,锁依然没有反应;一个小时的时间到了,大师头上冒出了汗珠;两个小时过去了,大师还是没有听到期待中的锁簧弹开的声音。这时候,他心中意志的大厦终于坍塌!他无力地将身体靠在门上坐下来,而门却缓缓地打开了。原来,这个铁牢根本就没有上锁,那把看上去很复杂的锁只是挂在那里,装装样子。

一把没有锁的铁牢却将大师关住了,锁住了大师的心灵之门。长期以来的开锁经验让他认为:"只要是锁,就一定是锁上的。"带着这样的思维定式去开锁,所以他失败了。一把没有上锁的门,是无论如何也无法开锁的。

在我们的心灵世界中,是不是也有很多这样的锁锁住了我们的心灵之门呢?于是我们的创意被搁置,"提交的方案完全不被采纳,以后再也不操心了";我们向困难低头,

"不可能完成""困难，无法逾越"；我们甚至开始怨天尤人，"上天待我真不公平"，于是，我们"不能做"的事情就越多，人生的道路也越走越窄。这一切的根源在哪儿呢？在于我们的内心。心中的锁锁住了我们看向世界的视野之门，我们因循守旧，不肯改变，我们害怕失败，不敢尝试，我们用惯性思维思考面前的一切，总是在我们的老路上行走，绕弯。

生活不是一条直线，也并非一成不变，在生活的挑战面前，我们应该打破心灵的枷锁，挣脱心灵的束缚，这样才能不至于禁锢了自己，阻碍了自己追寻幸福和快乐的脚步，阻碍自己打造成功事业的步伐。因为生活中，很多时候，真正阻碍我们去发现，去创造，去走向新的领域，开创新的生活的，并非是那些外在的障碍，而仅仅是我们思想上的障碍，我们心灵的枷锁。

或许，你的心灵也需要来一场革命，将你心灵的枷锁敲开，这样你才能挣脱自己旧有思维的捆绑，勇敢地走出来，改变当前的环境，投入一个新的领域，发挥出自己的最大潜力，取得成功！

第六章 勇于尝试

拥有生活的天赋

　　相信越来越多的人都会有这样的感觉：活着真累！"又快又好""永争第一""人定胜天"已经成为不少人的追求目标，在这纷繁复杂的世界里，我们已经凌乱了，疯狂了。我们为了适应同一种时代氛围，强迫自己不得不马不停蹄的继续奋斗着。正如朱德庸所说，"我们正处在'一个不够'的时代：一支手机不够、一份薪水不够、一位爱人不够、一辆车子不够、一栋房子不够……"可是，真的需要这么多吗？真的需要为那么的物质而拼命吗？

　　有人评价我的一位女性朋友说"她有生活的天赋"，确

实如此。这种天赋是所有天赋之中最好的、最珍贵的。有些人有这种天赋,有些人没有。我们中的有些人不知道如何把握生活,也许是因为我们把握生活的方法是错误的。

如果我们知道有多少人憎恨生活,我们一定会感到很惊讶。他们认为,生活即使不是一个愚蠢的玩笑,也会使人厌倦和烦恼,甚至会使人发疯。生活中的各种限制、各种艰难以及各种琐碎的事物使他们心烦意乱,甚至令他们发怒。他们之所以继续生活下去,是因为他们无法体面地脱离生活。

我的这位"有生活的天赋"的女性朋友热爱生活,根本不在乎起起落落,她总会在生活中得到自己应得到的东西。这可能就是她的生活诀窍。她总是执着于一些事情,充满热情而又有胜利感,她休息的时候非常放松。看到她能够把握生活是一件令人高兴的事情。

她的思想从来不纠缠于某一件事情,像漏了水的龙头一样没完没了。她做起决定来准确而迅速,并且一旦决定下来的事情,就努力去完成。她会把灾难看成小事故,却绝不会把小事故看成灾难。她举重若轻,却从来不举轻若重。

一个很久以前的悲惨经历教育了她,她从中了解到了生

第六章 勇于尝试

命的本质和价值，了解到了应该做什么，不应该做什么。她知道鲜花与野草之间的区别，并且知道如何从野草中找到鲜花。她的思想从来不为过去的伤心事而纠缠不清。

有一次，她的两位朋友发生了争吵，于是，她分别到了她的两位朋友那里，对他们说："现在，说良心话，你怎么看待这个问题？"他们都对她说了很多气话，当然也有一些好话。于是，她把他们说的话分别向双方重复了一遍，可她却只挑选那些好话，没有复述那些气话。她说，一位艺术家应该有选择材料的技巧。

她用这种办法解开了两个人的疙瘩，两个争吵者变成了朋友，可他们却不知道她是如何做到这些的。她并非无私，可她却以他人的快乐为自己的快乐。她是一个实际的人，一个愿意帮助他人的，一个富有感染的人。毋庸讳言，当她走进一间房子的时候，就好像点亮了一盏灯，受到人们的欢迎。确实，她懂得如何生活。

生活中，人们常常丢失了自己，却还浑然不知。不知道自己是谁，不知道真正的自己是什么样子的，不知道自己的灵魂飞向了何方……更少有人会不惜千辛万苦地去寻找自

我，告诉自己："我是谁？"

一个人要想度过真正完满的人生，首先要清楚的就是，知道自己是谁。从你知道自己是谁的这一秒起，你的人生就开始发生了转机。

1981年7月31日，20世纪最卓越的心灵导师克里希那穆提在瑞士撒嫩进行公开演说，场上一名观众发问，克里希那穆提给出了以下的回答：

发问者："你是谁？"

克里希那穆提："这个问题重要吗？抑或是，发问的人要问他是谁，而不是我是谁，但他是谁呢？如果我告诉你我是谁，这与你何干？不过是出于好奇心，对不对？就像看着窗户上的菜单，你还是得走进餐厅好好吃一顿，站在外头看菜单并无法满足饱受饥饿之苦的肚子。所以告诉你我是谁实在没有意义。"

第六章 勇于尝试

自我接受

有些话我们应该说,却没法说,但这却可能挽救我们与很多人的友谊。

对于那些无话可说的人来说,最坏的事情就是:他们有把话说出来才会得到满足。

很多高尚的品德都有些荒谬之处:信仰之所以在"更进一步可能会变得愚蠢"时才能成为真正的力量。

著名畅销书作家力克·胡哲出生时罹患海豹肢症,天生没有四肢,他曾经几次尝试自杀,然而后来,他战胜了自己,他意识到"人要为自己的快乐负责",他决定做自己,

做自己的主人！在他还是个小男孩的时候，他也曾经懊恼过，伤心过，他常常在睡前祈祷第二天醒来自己就会奇迹般地拥有了双手和双腿，这样就可以像其他同龄的孩子一样，开心玩耍，就可以得到伙伴的接纳。然而，这只是梦想！

在他沮丧、失落的那段童年时间，父母一直鼓励他，让他学会战胜困难，慢慢地，他从抑郁里走出来，也慢慢交到一些朋友。他做自己的旅程，是从接纳自己开始的。没错，一个人，要想获得他人的理解、接纳和爱，这个人必须理解自己，接纳自己，爱自己。

随着年龄的增长和心智的成熟，力克学会了如何应付自身的不足，他开始慢慢适应自己的生存环境，找到方法完成其他四肢健全的人必须要用手足才可以完成的事情，像刷牙、洗头、打电脑、游泳、做运动和其他更多的事情。

力克曾经说过："人生最可悲的并非失去四肢，而是没有生存希望及目标！人们经常埋怨什么也做不来，但如果我们只记挂着想拥有或欠缺的东西，而不去珍惜所拥有的，那根本改变不了问题！真正改变命运的，并不是我们的机遇，

第六章 勇于尝试

而是我们的态度。"

力克13岁那年,他看到一篇刊登在报纸上的文章,介绍一名残疾人自强不息,给自己设定一系列伟大目标并完成的故事。他因此受到启发,决定把帮助他人作为人生目标。

从17岁起力克开始做演讲,向人们介绍自己不屈服于命运的经历。他还创办了"没有四肢的生命"非营利组织,帮助有类似经历的人们走出阴影。至今他已经在五大洲超过25个国家、举办1500多场演讲。他曾用带澳大利亚口音的英语告诉记者:"我告诉人们跌倒了要学会爬起来,并开始珍爱自己。"

力克成功了,成功地做自己,并且做得非常出色。

在我们的人生旅程中,我们都有过不被接纳,不被爱的经历,因而我们惶恐。因为不安,我们太想得到他人的认可。而力克的人生经历告诉我们,一个人被孤立的时刻总是会有的,一个人情绪低落的时刻也总是会有的。但是,只要你鼓起生活的勇气,不要一直让负面的情绪困扰自己,只要你相信自己,相信自己拥有天赋,拥有知识,拥有爱,你就会开始走向自我接纳的旅程!而只要你开始了自我接纳,认识到了

自己的独特价值,你的人生将从这一刻开始变得不同!

在充满诱惑的现代社会,人们往往容易迷失自我。有些事情我们是无法量化的:我们就会说"一公斤真理""一薄式耳美丽""一公斤热情"。

在维多利亚朝代,人们隐藏自己的心理、显露自己的心灵;而现在,人们却隐藏自己的心灵,扒光自己的身体。

如果一个国家的每个成员都变得伟大,那么这个国家就一定会非常安全。如果一个国家个人主义盛行,那么这个国家就一定会很危险。

如果一个国家里满是索取者,它应面临着灭亡;如果一个国家都是给予者,这个国家就会兴旺。

老一代人的顾忌太多,新一代人的顾忌太少。今后,我们要平衡一下。

通常的规律是,严肃者不会因为我们的笑话而发笑。但是,如果我们不能自我解嘲,我们自己就变成了笑话。

即使牡蛎都可以给我们智慧的启示:它知道如何把一颗沙粒变成珍珠。

智慧者一定在某些时候是愚蠢的,否则他一定会是一个十足的令人讨厌的家伙。

第六章 勇于尝试

　　如果哪个家伙推卸了自己的责任,你在很远的地方就可以得知消息。

生活的多重性

奥雷柳斯说:"如果你对周围的任何事物感到不舒服,那是你的感受所造成的,并非事物本身如此。借着感受的调整,可在任何时刻都振奋起来。"

我们生活在一个缤纷的世界里,面对着不同的人和事,无论你是贫是富,是贵是贱,是高是矮,是男是女,只要你生存在这个世界上,就会有喜怒哀乐,悲欢离合,这就是生活!著名的散文作家林清玄在他的一篇文章中有过这样一段描述:

有一天在吃早餐的时候,我想到同样吃着早餐的人,却

第六章 勇于尝试

有着完全不同的下午。

诗人吃了食物,化成诗,感觉世界。

画家吃了食物,变成画,美化人生。

相爱的人吃了食物,更充满了爱。

仇恨的人吃了食物,全化为仇恨。

我们吃的食物可能是大同小异,但是我们却有完全不同的心,导致完全不同的人生。

因为人是如此的不同,所以这世界没有终极完美的人,在不完美的人眼中,不可能看见完美的人或完美的世界。

每一个人都是一面镜子,照出我们内心的感受;每一件事物都是一面镜子,照出我们对事物的渴求;每一天都是一面镜子,照出我们人生一段重要的过程。

镜子如果不够明亮,就照不出莲花美丽的模样。

寻找完美的人,不如擦亮自己的镜子。

在镜子擦亮的时候就会看见,这世界,早就如此深刻、如此完美、如此全然了。

没错,正所谓"横看成岭侧成峰,远近高低各不同"。

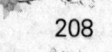

我们每个人对生活都有自己的态度，但在不同的人眼里却又有不同的结论，其实，生活还是那个生活，真实的呈现在那里，只是我们每个人看它的角度不一样，这就是生活的多重性。

对待生活的不同态度，决定了未来生活的结果。

中国是一个文明古国，讲究传统，讲究规矩，讲究礼仪，讲究尊师重道，前人的宝贵经验让我们受益良多，却也阻碍了我们思维的拓展，不同的人对同样的事情往往会得出同样的结论，如果这个结论不合时宜，我们就缺少了纠错的能力，说到底，就是对问题的认识不够全面，思维过于僵化。

比如一个孩子问道："宇宙是不是和我的足球一样大？"父母便会和蔼可亲的教育道，"宇宙是无边无际的，怎么可能跟足球一样大呢！"或许父母的结论是正确的，但是却在无形之中扼杀了孩子的创造力和全面认识问题的能力。

在这一点上我们会想到犹太人的思维方式，敢于挑战一切，从不相信权威，把现实中的一切当作不合理来看待，然后重新思考，最大程度地发挥出人的潜能。

有这样一个小故事，从前有个人家里有一头驴，正常的情况下这头驴的价格是1000元，但是，现在这头驴病了，最多也就能卖600元，于是这头驴的主人垂头丧气地把驴子牵到集市上

第六章 勇于尝试

去卖,一番讨价还价之后,最终卖了400元,驴的主人盘算了一下,觉得也还不错,没准这头驴明天就死掉了呢?

这是典型的中国人的思维方式,如果换做是一个犹太人,他肯定就不会用这种平铺直叙的方式来处理这个问题,他会把这头价值600元的驴子标价零元,免费赠送,但是并不是谁都可以成为这个幸运儿,想要得到它必须抽签决定,抽一次两元,假设只有五百人参与,那么最后的收入也是1000元,和一头健康的驴子的价格是一样的,1000元对于犹太人来说,可能还满足不了。这是犹太人的思维方式。

同样的问题,不同的结果,原因就是我们看问题的角度不同,如果我们总是墨守成规,那么我们的未来就无法真正地掌握在自己手里。

我们的生活环境都不尽相同,这一刻,你或许正在享受阳光沙滩里的天伦之乐,又或许正在为自己的下一顿午餐而愁眉不展,不管是什么原因决定了你现在的生活状态,你是否觉得现在的你会永远快乐,或是永远痛苦呢?

《股票作手回忆录》里的主人公原型杰西·利佛莫尔曾经是叱咤美国股票和期货市场的风云人物,他从小就在股票

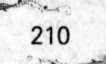

投资方面表现出了无与伦比的才能,在很短的时间内就积累了很多人几辈子都无法拥有的财富。但是他却把这一切看成了一种必然,在一次严重的误判后,倾家荡产,绝望之下饮弹自尽。

试想一下,如果利佛莫尔能够认清成功的另一面其实就是失败,如果他能在成功的时候不再去冒更大的风险,他或许真的可以成为金融界的骄傲。

另一个案例就是中国著名的企业家,曾经的巨人集团创始人史玉柱,他曾经在短短五年的时间内让自己跻身富豪榜第八位,又在自己不可一世和盲目自大的心态下负债高达2.5亿元,但是这并不是一个结束,2000年,史玉柱再次依靠保健品的成功而东山再起,并在多个行业崭露头角。成功和失败都不是结束,只要生活还在继续,一切皆有可能。

不要总看到生活残忍的一面,也不要过于盲目乐观,生活就像一个舞台,它所承载的不只是喜剧和悲剧,酸甜苦辣咸都是生活的一部分。

在看待问题的角度和视野方面,中国人和美国人有着不同的理解,曾经有一位留学美国的中国学生和朋友谈起自己对这个问题的认识:

第六章 勇于尝试

　　他在中国的时候，由于小学成绩优秀，顺利地考上了县城的中学。但是他发现优秀的学生很多，面临的竞争更大，自己已经不能稳拿第一，于是产生了嫉妒，认为自己不能考第一的原因是同学的铅笔比自己的好，而自己却买不起，天道不公啊！经过几年的努力后，他终于成为了县中学的第一名。但是新的不满又产生了，为什么其他人的钢笔比我好呢？

　　中学毕业后，他顺利地考上了北京的某所大学，可好景不长，他的学习成绩连中等也保不住。于是他又找到了成绩不好的原因，城里的同学是好铅笔成堆，好钢笔成把，早上蛋糕牛奶，晚上香茶水果，想想自己，早上一个窝头还舍不得吃完，还要给晚上留一半，生活为什么会有这么大的差别呢？人和人之间为什么会有不平等呢？

　　大学毕业后，他留学到美国，当他亲眼看到了五光十色的西方世界，所有的嫉妒、自卑、怨恨都忽然一扫而光了。因为美国是最发达的国家，美国人的眼里只有世界，当一个人把自己的眼光放眼到全世界的时候，别人手中的铅笔、钢笔、牛奶、面包真的是那么微不足道！

用自己的理性来看待生活，把自己的眼光放得足够长远，不要拘泥于一个角度，一个层面，生活就会给予我们更多的回报！

第六章 勇于尝试

勇敢地对生活负责

我们经常会提到"责任心"这个词。无论在生活中,还是在工作中,责任心对我们都非常重要。比如在家庭中,你有责任心,就可以成为一个好丈夫、好父亲;在事业上你有责任心,就会被领导赏识,让你承担更大的责任,担当更重要的岗位。

责任,是我们一个人的做事态度;责任,也总给我们一种安全感。责任就像交通规则一样,每个人都遵守,那么一切就会井然有序。如果没有了责任心,那我们的生活就会陷入混乱之中。

比如我们去医院看病，就是把自己的健康交给医生，这出自于我们对他们的信任。因为作为医生，他们有责任对我们负责。我们把自己的子女交给学校，让学校给他们提供教育，把子女的安全也交给他们，也是因为我们相信学校有这样的责任心。我们去银行存钱，把钱放到那里就不必成天提心吊胆，也是出于一种信任，因为银行有责任保护我们所存资金的安全。

可见，责任在另一种意义上就是一种信任。因为有责任，所以有信任。而一个人也只有承担得起自己的责任，才能够得到别人的信任。

责任是我们每个人都应该承担的，尤其对青年人来说更有这个义务。作为青年人，刚刚走上社会，一切都没有定型，这就更要求我们有一种责任意识，只有这样才能对我们的国家负责，对我们的社会负责，对我们的家庭负责。如果我们不能树立一种责任心，就不可能很好地立足于这个社会，也不可能取得令人羡慕的业绩。

1898年，美国与西班牙之间爆发了一场争夺殖民地的战争，即美西战争。战争爆发之后，为了取得优势，美国必须立即跟加西亚取得联系——加西亚是当时古巴反抗军的首

第六章 勇于尝试

领。但是没有人知道他究竟在哪里,只知道他在古巴的丛林里活动,所以没有人可以带信给他。但是,战势一分钟都拖不得,美国总统需要立即与他联系上,以便与他合作。这时,有人对总统说,把信交给罗文,只有他才有可能找到加西亚。于是,总统便把这封信交给了那个叫罗文的人。而罗文也的确不负重望,最终把信交到了加西亚手里。我们且不去讨论为了把信送到,罗文遇到了多少危险、多少艰辛。最令我们感动的、最令我们敬仰的,也最令我们惭愧的是,当总统把写给加西亚的信交给罗文之后,罗文甚至都没有问一句"他在什么地方"。因为在他的心中,有着强烈的责任感,对于上级的托付,不管有多少艰难,都要全心全意地投入,努力让自己去完成任务。所以,罗文的故事影响了千千万万的人,他的那种精神也鼓励了无数的人。

一个负责任的人总会更容易赢得别人的信任;反之,则无论那个人多么有才华,也难以担当大任。

某公司招聘员工,应聘者人山人海。在这个劳动力市场供大于求的年代,人们对待工作就像对待猎物一样。最后,有两个年轻人小王和小李从众多的竞争者中脱颖而出。好不

容易得到了这个机会，两个人也都兢兢业业，丝毫不敢有半点儿马虎。过了一年，两个人也都算相安无事。年底，公司宣布：为了降低成本，公司要裁掉一部分员工。这一消息宣布之后顿时人人自危。后来，公司公布了裁员名单，小王和小李都包括在内。也难怪，两个人都还算新人，技术不是特别熟练。小王知道之后，一切显得那么平静。而小李则不同，一听说自己在裁员的黑名单上，立刻忿忿不平起来。不断地对周围的人抱怨，自己工作这么努力，居然还会被炒鱿鱼，公司简直就是不讲道理。工作也不再兢兢业业，而是马马虎虎，浑水摸鱼，当一天和尚撞一天钟，每日得过且过。

一个月之后，小李果然下岗，而他的"难友"小王却平平安安地留了下来。小李感到自己被骗了，怒气冲冲地跑进总经理办公司去讨个说法。总经理听完他一阵言辞激烈的陈述之后，微微一笑："当你四处抱怨的时候，你知道小王在做些什么吗？他从来没有抱怨，只是仍像以前那样兢兢业业地工作。他知道自己在这里的时间不长了，于是主动要求加班，以减轻一些同事们的负担。他只想在临走之前，为公司多做一些工作，为大家多做点儿事。这样的员工，我们又怎么忍心让他离开呢？不是公司不想要你，而是你自己不想要

自己了。"小李听后，惭愧地低下了头。

　　负责任不仅仅有利于别人，也有利于我们自己。从某种意义上来说，责任心就是一种凝聚力，大到一个国家，小到一个集体，都需要这种精神。

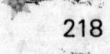

为什么而活着

人来到这个世界上是不可选择的,我们不能选择什么时候出生,不能选择在什么地方出生,更不能选择出生在什么样的家庭。我们那时候没有一点儿话语权,所以在我们刚刚来到这个世界时,用最大的哭声去控诉自己遭受的不公平。

然而,更让人伤心的是,我们的人生都面对一个同样的结局——死亡。虽然死亡是个有点忌讳讨论的话题。但是在自己明白了所有人总有一天要死去的时候,生命还是带上了不可抹掉的悲剧色彩。

就这样,我们在自己的哭声中来到这个世界,在亲友的

第六章 勇于尝试

哭声中离开这个世界。没有人能改变这个自然规律，对于每个人来说这都很公平。当我们身体健康、事业顺利、家庭幸福的时候，我们不会去担心自己的人生。可是生活不易，每个人都在自己生活的战场商战中拼搏。

在烈日骄阳之下，一个衣衫破烂的人赤脚行走在被炙烤得发烫的街道上。他歪歪倒倒地走着，看起来十分虚弱，好像生命正一点点抽离他的身体，最后无力支撑，倒在街边。他大口喘着气，汗珠无力地淌着。这时，随着一声清脆的铜钱金属撞击地面的声音，一枚刺眼的铜钱掉落在他的面前。

很明显，别人把他当成了乞丐。他捡起铜钱追向那个丢钱给他的人，生气地对他说："先生，我不是乞丐。"好心的路人被这意外发生的情况吓了一跳，他接过流浪汉塞回来的铜钱，诧异地离开了。

虚弱的流浪汉依旧坐在地上，等待着生命的结束，他不接受任何人施舍的物品，最后他的生命消逝了。

在生命的历程中，我们一直在追问一个问题："我们为什么而活着？"从来没有一个让人信服的答案，但是我们不能为了活着而活着。

安贝卡说:"即使你穷得只剩一件衣服,也要将它洗得干干净净,让自己穿起来有一种尊严。"

在美国一家医院的一间病房里,传来许多人的哭泣声。躺在病床上的是年仅13岁的小诗人斯特帕尼克,他的生命是如此脆弱,可就在这脆弱的生命中,他珍惜着自己的每一分每一秒,把自己感受到的美好通过他的诗传达给全世界,让人们分享他的快乐。他在死前也不忘说:"我要把心灵的歌声唱给全世界。"在脆弱中我看到的是坚强。

佛说生命的意义不在于长度,而在于能付出多少。在有限的生命能享受人生,给别人和自己带来快乐的生命才是精彩的。人为什么活着?每个人都有不同的答案。活着就有意义,这是需要终其一生去追寻的答案。

第六章 勇于尝试

相信生命的力量

了解生命节奏的规律也是人生哲学的一部分,我们应当据此来调整自己。我们应当能够容忍生命中的低潮,并且记住,生命的潮水还会卷土重来。

一位睿智的诗人说,自醒时,规划蓝图;忧伤时,完成工作。这是日常生活的真正智慧,尤其是生命中的美丽与快乐似乎都离你远去、生命变得无聊的时候。

卡尔·赛蒙顿是美国一位专门治疗晚期癌症病人的著名医生。在他的从医生涯中,有这样一则有趣的故事。

有一次,赛蒙顿医生治疗一位61岁的癌症病人。当时这

位病人因为病情的影响,体重大幅下降,瘦到只有98磅(约合44公斤),癌细胞的扩散使他无法进食,甚至连吞咽都很困难。

赛蒙顿医生告诉这位患者,将会全力为他诊治,帮助他对抗恶疾。同时每天将治疗进度详细地告诉他,明白无误地讲述医疗小组治疗的情形,以及他体内对治疗的反应,使得病人对病情得以充分了解,以便缓解不安的情绪,充分和医护人员合作。

结果治疗情形出奇的好。赛蒙顿医生认为这名患者实在是个理想的病人,因为他对医生的嘱咐完全配合,使得治疗过程进行得非常顺利。

更为关键的是,赛蒙顿医生教这名病人运用想象力,想象他体内的白细胞如何与顽固的癌细胞对抗,并最后战胜癌细胞的情景。结果数星期之后,医疗小组果然抑制了癌细胞的破坏,成功地战胜了癌症。对这个杰出的治疗结果,就连医生本人都感到惊讶。

其实医生不必惊讶,他曾对患者说:"你对自己的生

第六章 勇于尝试

命拥有比你想象的更多的主宰权，即使是癌症这么难缠的恶疾，也在你的掌握之中。事实上，你可以运用心灵的力量，来决定你的生与死，因为你可以运用心灵的力量来掌握自己的生死。如想象自己是一位三军统帅，领导体内的各路大军去战胜那些侵犯自己的敌人。作为一个统帅，当然要有过人的自信，只有这样我们才能去面对并战胜一切的困难和挑战。甚至，如果你选择活下去，你可以决定要什么样的生活品质。"事实上，当你有了这种坚定的信念时，你将释放令自己都惊讶的潜能，它会帮助我们在人生路上不断地战胜困难、赢得胜利。

面对心灰意懒的患者时，赛蒙顿医生总会这样说："对自己的生命，你拥有比想象中更多的主宰权。

生命像海洋一样潮起潮落，情感来来去去，时而把我们抬到最高点，时而把我们落到最低谷。同样的道理，这个世界今天也许会明亮可爱，明天可能就会阴沉恐怖。

有一个技艺高超的老锁匠，一生开过无数的锁。他为人正直，虽然有开锁的绝技，却从不以此来卖弄或以此来"赚点外快"，他正直的品格得到了大家的一致赞赏。

老锁匠渐渐老了,为了使自己的这项绝技能够流传后世,他物色了两名徒弟,并把一身的开锁技艺传给了两个年轻人。

过了一段时间,老锁匠决定从这两人之间选择一个做接班人,就让这两人考了一次试。

老锁匠在两个房间里分别放了保险箱,让两个徒弟去开,看谁花的时间短。大徒弟只用了半个小时就打开了。众人都认为大徒弟胜券在握,二徒弟可要危险了。老锁匠问大徒弟:"保险柜里装的是什么?"大徒弟露出贪婪的神色:"很多钱,全是一百的。"老锁匠转过脸又问二徒弟这个问题,二徒弟支吾了半天才说:"师傅,我没向保险箱里看,您只吩咐我开锁,并没有让我看里面。"

老锁匠微微一笑,宣布二徒弟为他的接班人。

老锁匠向不明所以的众人和不服气的大徒弟解释道:"人行事都要讲一个'信'字,尤其是开锁这样的工作,更需要极高的职业道德。我是要把徒弟培养成一个技艺高超的锁匠,培养成一个心中只有锁而没有杂念的人。如果弟子心

第六章 勇于尝试

术不正，就会心生杂念、私欲膨胀，进而就可能以自己的技艺去谋取不正当的利益。修锁的人心中要有一把永远不能打开的锁。"

人心是把锁，不该打开的时候，永远不能打开，比如，"私心贪欲"这把锁。

老锁匠的话带给我们的思考也是深刻的。正直是人的立身之本，一个人如果没有正直，就不会有人相伴；没有正直，你也很难赢得别人的尊重。我们必须懂得正直，正直就是你坚持一套原则的程度。正直把道德带入比赛的竞技场，当正直转变为行为时，也不必以明确的道德原则来支持。当你具备了正直的品德，能够坦然地接纳自己，心灵变得成熟起来，你就会欣喜地发现你已经为自己赢得了很多朋友。

我们在生命的阶梯上走得越高，生命就越捉摸不定，变化就越快。人的精力总是很奇怪，时而异常高涨，时而落入低谷。